EXPLORATION AND RESEARCH INTO
PROFESSIONAL EVALUATION SYSTEM

专业技术人员
评价体系研究与探索

中国汽车工程学会
中国仪器仪表学会　主编
中国电子学会
中国人事科学研究院

北京理工大学出版社
BEIJING INSTITUTE OF TECHNOLOGY PRESS

图书在版编目（CIP）数据

专业技术人员评价体系研究与探索/中国汽车工程学会等主编．—北京：北京理工大学出版社，2018.1

ISBN 978－7－5682－5321－5

Ⅰ．①专…　Ⅱ．①中…　Ⅲ．①专业技术人员－评价－研究－中国　Ⅳ．①G316

中国版本图书馆 CIP 数据核字（2018）第 031637 号

出版发行／北京理工大学出版社有限责任公司

社　　　址／北京市海淀区中关村南大街 5 号

邮　　　编／100081

电　　　话／（010）68914775（总编室）

　　　　　　（010）82562903（教材售后服务热线）

　　　　　　（010）68948351（其他图书服务热线）

网　　　址／http：//www.bitpress.com.cn

经　　　销／全国各地新华书店

印　　　刷／保定市中画美凯印刷有限公司

开　　　本／710 毫米×1000 毫米　1/16

印　　　张／12　　　　　　　　　　　　　责任编辑／封　雪

字　　　数／163 千字　　　　　　　　　　文案编辑／封　雪

版　　　次／2018 年 1 月第 1 版　2018 年 1 月第 1 次印刷　责任校对／周瑞红

定　　　价／56.00 元　　　　　　　　　　责任印制／王美丽

图书出现印装质量问题，请拨打售后服务热线，本社负责调换

序

为深化职称制度改革，人力资源和社会保障部于 2015 年启动了关于职称制度改革重点课题研究工作，共设 15 项课题。中国科学技术协会（以下简称中国科协）承担了其中两项课题，分别为"职称制度历史沿革、功能作用和基本定位"和"职称评价标准研究"，并委托全国学会专业技术人员专业水平评价工作群（以下简称学会群）具体负责。与此同时，基于推动群内学会专业技术水平评价工作开展和承接政府相关职能转移的需要，学会群也组织群内学会，围绕工程技术人员专业水平评价的制度建立和体系构建开展了深入研究。本书在上述研究成果的基础上整理而成。

研究工作分为前期研究、调查研究、数据分析、报告撰写等阶段。工作中，课题组经过认真讨论制定了详尽的研究方案，通过资料收集、问卷调查、重点访谈和召开座谈会等方式获得了一手资料，并收集整理和认真研读了其他相关调查报告，丰富了本次研究的思路和成果。

本书引用的调查数据包括：2013 年中国人事科学研究院（以下简称人科院）在开展《工程科技人才职业化和国际化研究》工作过程中所做的调查，2013 年人科院受中国科协委托开展的《科技工作者职称状况调查》，2014 年中国科协会同上海工程师协会开展的《企业科技工作者职称状况调查》，2014 年中国科协会同人科院开展的《全国科技工作者专业技术职称状况调查》，2014 年中国汽车工程学会开展的《汽车行业专业水平评价需求调查》，2015 年学会群开展的《全国学会专业技术人员专业水平评价需求调查》等。

第一章对涉及职称制度改革和专业技术人员专业水平评价的相关专业术语进行了梳理，基于对相关文献的研究，提出了课题组的认识，并系统分析了我国专业技术人员队伍的现状和发展。

第二章以历史资料研究和专家访谈为基础，回顾了我国职称制度的历史沿革和存在的问题，提出了建立符合中国国情的工程师制度的必要性、紧迫性和对创新我国专业技术人员评价制度的思考。

第三章以覆盖 18 家全国学会的调查和汽车行业的典型调查为基础，分析了专业技术人员对我国现行职称制度改革的建议、参与社会评价的意向和对改进评价标准、程序、方式等方面的建议。

第四章重点分析了人才培养体系对工程技术人员成长的影响。通过对工程技术人员和工程教育的国内外比较分析以及对用人单位的深度调研，分析工程技术人员职业特征和素质要求，研究工程教育改革和企业人才成长机制优化对工程技术人员职业成长的影响。

第五章重点围绕工程技术人员管理制度的相关问题展开研究，基于对典型国家相关制度的比较研究和对我国国情进行客观分析，提出了我国工程技术人员注册制度的框架体系设计构想。

第六章基于对专业技术人员分布特点和岗位需求的基本认识，在比较分析美、俄、德和我国学科设置现状与特点的基础上，提出了在专业水平评价中科学合理界定专业领域的基本原则和思路。

第七章重点围绕工程技术人员专业水平评价标准的有关问题进行了深入研究，系统分析了典型国家工程师评价标准的特点、方法和我国的现状，研究总结了我国目前职称评审的理论和方法研究进展，结合我国职称的发展历史和公众价值取向，考虑到工程师国际互认的发展趋势，提出了我国专业技术人员专业水平评价标准的设计原则和指标体系，并将上述认识融入工程师能力标准的制定中，提出了《全国学会工程师能力标准》。目前这一标准已经在学会群中得以贯彻。

上述研究成果，反映了全国学会和专业技术人员对推进我国职称制度改革的渴望和构建以同行认可为特征的新型专业技术水平评价体系的期待，汇聚了参与研究专家和学者的智慧。希望本次研究成果能够引发读者对我国职称制度改革和职业资格制度建立更深层次的思考，对我国人才发展体制机制改革起到推动作用。

研究工作历时两年，中国汽车工程学会、中国仪器仪表学会、中国电子学会、中国人事科学研究院负责执笔，会同中国机械工程学会、中国电工学会、中国航空学会、中国制冷学会共同组成课题组，学会群15家群内学会和3家群外学会参与了问卷调研和课题研讨工作，并邀请了北京师范大学职业教育与成人教育研究所、清华大学和工信部电子科技委等单位的专家参与工作，在此一并表示衷心感谢。

由于认识水平有限，所述观点和提出的建议或有值得商榷之处，欢迎批评指正。

主要研究人员

课题研究指导委员会（以中国科学技术协会全国学会编号为序）：

主任：付于武，中国汽车工程学会

成员（以姓氏笔画为序）：

王从飞，中国制冷学会

巨荣云，中国公路学会

朱险峰，中国仪器仪表学会

刘明亮，中国电子学会

安玉德，中国兵工学会

杜子德，中国计算机学会

杜翠薇，中国腐蚀与防护学会

吴　松，中国航空学会

张彦敏，中国机械工程学会

陈　默，中国电影电视技术学会

陈小良，中国电机工程学会

顾勇新，中国建筑学会

奚大华，中国电工技术学会

郭　勇，中国食品科学技术学会

研究工作总负责：

张　宁，中国汽车工程学会

研究工作总协调：

赵丽丽，中国汽车工程学会

研究报告撰写主要执笔人

第一章：张　宁　张　蒨，中国汽车工程学会

第二章：黄　梅　谢　晶，中国人事科学研究院

第三章：王永环　赵丽丽，中国汽车工程学会

第四章：周　涛　杨　晋，中国电子学会

第五章：范　巍　谢　晶　黄　梅，中国人事科学研究院

第六章：吴艳光　杨　晋，中国电子学会

第七章：朱险峰　张　建，中国仪器仪表学会

课题组其他骨干成员（以中国科学技术协会全国学会编号为序）：

中国机械工程学会　罗　平　栾大凯

中国汽车工程学会　薄　颖　张　静

中国电机工程学会　周　缨　王海茹

中国电工技术学会　王志华　孙　谊

中国制冷学会　王丛飞　赵全华

中国仪器仪表学会　韩永刚　李　杰

中国电子学会　王海涛

中国计算机学会　朱征瑜　李红梅

中国通信学会　朱　峰　甄桂玲

中国公路学会　巨荣云　郭　亮

中国航空学会　周竞赛　林伯阳

中国兵工学会　孙　岩　殷宏斌

中国腐蚀与防护学会　张小红　程学群

中国建筑学会　杨　群　张松峰

中国纺织工程学会　刘　军　文美莲

中国食品科学技术学会　王　甦　张　虹

中国粮油学会　杨晓静　陈志宁

中国电影电视技术学会　路晓俐　陈　默

特邀专家（以姓氏笔画为序）：

王瑞刚，中国机械工程学会原副秘书长

牛开民，交通运输部公路科学研究院科技处处长，教授

石文星，清华大学教授

史亦韦，北京航空材料研究院主任，研究员

朱闻军，中央农业广播电视学校处长，研究员

刘云波，北京师范大学职业与成人教育研究所博士

李景云，中国食品药品检定研究院人教处

汪士治，中国机械工程学会专家，教授级高工

陈孟锋，《国家职业分类大典》修订技术专家委员会专家

果　强，国家电网公司人才交流服务中心主任高工

赵志群，北京师范大学职业与成人教育研究所所长，博导

柳纯录，工业和信息化部电子科技委副秘书长

曹立亚，国家食品药品监督管理总局执业药师考试中心原主任

目　录

第一章　概　述

　　回顾过去的 60 年，伴随着社会的进步和经济的发展，我国专业技术人员队伍的规模不断扩大，岗位要求也悄然发生着变化，尤其是中国国际地位的不断提升和全球化发展步伐的加快，带来了专业技术人员队伍的来源、工作环境和结构的重大变化。从来源看，已经由几乎 100% 国内培养转变为国内培养、国外培养、海外优秀人才引进等并举；从工作环境看，越来越多的专业技术人员随着中国企业投资海外的步伐走向世界；从结构看，越来越多的海外学历的专业技术人员加入中国海外投资企业的管理和技术研发团队中。在此背景下，专业技术人员队伍的建设和管理面临着许多新要求和新挑战。

　　与此同时，在国家不断深化职称制度改革的大背景下，越来越多的新理念、新名词不断出现，社会组织，尤其是全国学会，在探索建立与国际接轨的专业技术人员专业水平评价方面的成功实践，为这些新理念与中国实际的结合提供了可行性。

　　本章试图从文献研究和数据分析入手，厘清相关概念，明晰现状和未来需求。

1.1　基本定义

　　人才是我国经济社会发展的第一资源，专业技术人员是我国人才队伍的骨干力量，他们活跃在科研生产一线，在建设创新型国家和全面建设小康社会伟大事业中发挥着重要作用。

在研究和讨论与专业技术人员相关的话题时，我们还常常会遇到另外几个与之相关的概念，如专业技术人员、科技人才、科技人员、科技活动人员、科技工作者或研究和开发人员（R&D 人员），甚至在政府发布的统计数据中也有着不同的表述。

为便于开展工作，在本课题研究中，将上述表述统称为专业技术人员，而 R&D 人员是他们中的一部分。这一群体接受过一定时间的全日制大中专及以上专业教育，或是通过参加成人教育获得相应学历，以其专业技术从事专业工作，并因此获得相应收益。

工程技术人员主要是指在工程技术领域就业的专业技术人员，即工程师，也包括部分具有专业技术的管理者、投资者和技术工人，仅从事体力劳动无特殊技能的工人不在工程技术人员范围内。工程技术人员是工程教育所培养的人才类型之一，高等工程教育培养的大学生是未来的工程师，是潜在的工程技术人员。

从能力要求看，工程技术人员是掌握基础科学和工程科学理论知识与方法以及各种专业技能的高素质人才，他们能够将设计、规划、决策物化为工艺流程、物质产品和实施方案，并能够在工程一线进行生产、维护等实际操作。

从知识结构看，工程技术人员不仅要懂得科学、技术和工程，还要懂得科学、技术与人、社会之间的复杂关系，以便使科学、技术、工程更好地为人和社会服务，同时善于在经济、政治、社会、法律、地域、资源、人口、心理等诸多的限制因素条件下正确地处理工程问题。

1.2　专业技术人员队伍现状及发展

根据科技部、教育部、人力资源和社会保障部（以下称人社部）、商务部、国家统计局和麦可思研究院公布的数据①，21 世纪以来我国专

---

①　详见附录一。

业技术人员队伍的发展表现出以下特征。

专业技术人员规模随着国家经济的发展不断扩大（图 1-1），且保持较高的增长幅度。统计数据表明，2014 年，我国国内生产总值由 2000 年的 100 280 亿元提高到 643 974 亿元，同期我国科技人力资源总量由 2 500 万人增长到 7 512 万人，科技人力资源总量在就业人员总数中的比例也由 3.47% 增长到 9.72%。据中国科学技术协会（以下简称中国科协）估算和科技部的统计，2016 年年底的数量可能要超过 1 亿人[1]，其中 2016 年我国研发人员总量达 24 余万人[2]，居世界第一位。

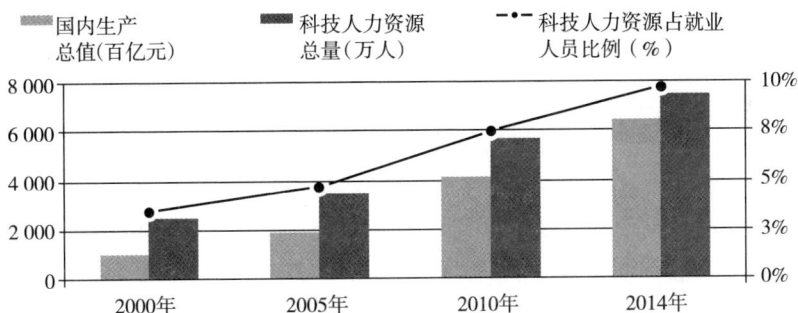

图 1-1 21 世纪以来我国科技人员数量变化

取得专业技术人员资格证书是专业技术人员获得同行认可和社会认可的重要方式，专业技术人员对此有着迫切的需求。据统计，我国每年有近千万名的专业技术人员参加专业技术人员资格考试（图 1-2），以此证明自身的专业水平，并希望因此而获得更高的薪酬。在人员流动性不断加剧的今天，资格证书也是用人单位判断一个应聘者专业能力和妥善安排新入职者岗位的重要参考。但是，截至 2016 年年末，全国累计取得各类专业技术人员资格证书的仅为 2 358 万人，这与十余年来我国专业技术人员的就业分布变化有一定关系。

---

[1] "全国科技工作者日及全国创新争先奖发布会"相关报道，国新办，http://www.scio.gov.cn/xwfbh/xwbfbh/wqfbh/35861/36728/index.htm。

[2] "2016 年全国科技工作会议"相关报道，科技部网站，http://www.most.gov.cn/ztzl/qgkjgzhy/2016/2016tpxw/201601/t20160111_123678.htm。

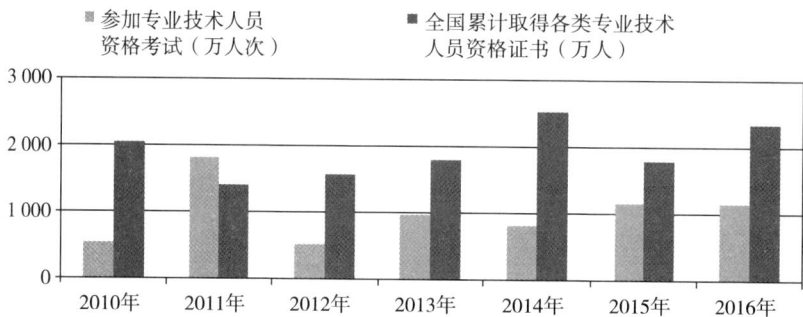

图1-2 2010年以来我国专业技术人员参加资格认证情况

当前，非公经济领域已经成为吸纳专业技术人员就业和推动国家经济发展的重要力量。以私营企业和外商、港澳台商投资企业的发展为例：2015年私营企业数量已经占到了内资工业企业数量的66.3%，吸纳就业人数占到了城镇就业人口的27.7%；2015年外商及港澳台商投资企业数量已经占到了我国工业企业总数的5.3%，吸纳就业人数占到了城镇就业人口的6.9%。另有数据表明：截至2015年，我国私营企业和外商投资企业的数量已经分别达到21.65万个和5.28万个，分别占当年我国工业企业数的56.51%和13.78%；2015年与2014年相比较，规模以上工业企业中工业增加值增长率最高的也是私营企业，达到8.6%，外商及港澳台商投资企业同期工业增加值的增长率也达到了3.7%，远远高于国有控股企业的1.4%。这些数据从一个侧面表明了非公经济领域企业在国家经济发展中的重要地位，与之相对应的是非公企业专业技术人员数量的快速增长（图1-3）。2014年与2000年比较，

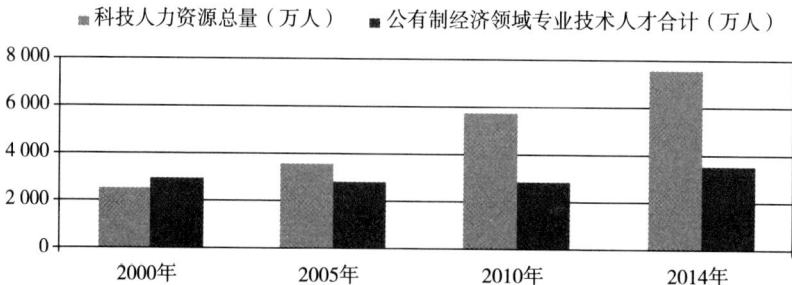

图1-3 2000年以来我国专业技术人员分布状况

我国科技人力资源总量增长了 3 倍，而公有制经济领域专业技术人员数量只增长了 1.2 倍。

麦可思研究院公布的一组数据也证明了这一点。其调查显示，2016届大学毕业生中（包括本科和高职高专，下同），在民营企业就职的达到 60%（图 1 - 4）。麦可思研究报告反映出的另一个现象是，选择在300 人及以下规模单位就业的毕业生数量越来越多，由 2013 年的 51%提高到 2016 年的 55%。这些数据说明了关注在非公经济领域、中小微单位就业者成长的重要性。

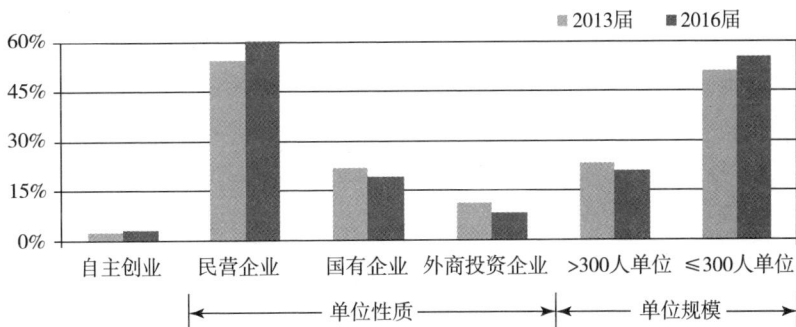

图 1 - 4　2016 年大学毕业生就业去向

自主创业正在成为越来越多大学毕业生的选择（图 1 - 5）。麦可思研究院对 2011 届大学毕业生的调查显示，半年后开始自主创业的比例约占该届大学毕业生总数的 1.60%，三年后开始自主创业的为 5.50%。而在毕业时就创业的人群中，三年后还在继续创业的比例为 47.50%。

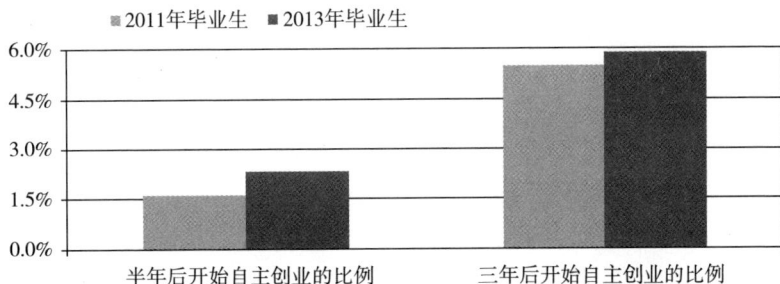

图 1 - 5　大学毕业生自主创业状况

这说明越来越多的年轻人正在凭借自己的智慧、知识积累和对社会的认识实现着自身的价值，也更期待以一定的方式（如专业水平评价）获得社会的认可。

值得高度关注的还有本专科学历大学毕业生和年龄在45岁及以下群体的成长环境。以公有制经济领域为例，本专科学历人员和45岁及以下年龄者分别占到专业技术人员总数的80.7%和72.2%（图1-6）。他们活跃在科研和生产一线，是推动国家创新发展的栋梁和未来，也对自身职业发展有着更高的期待。

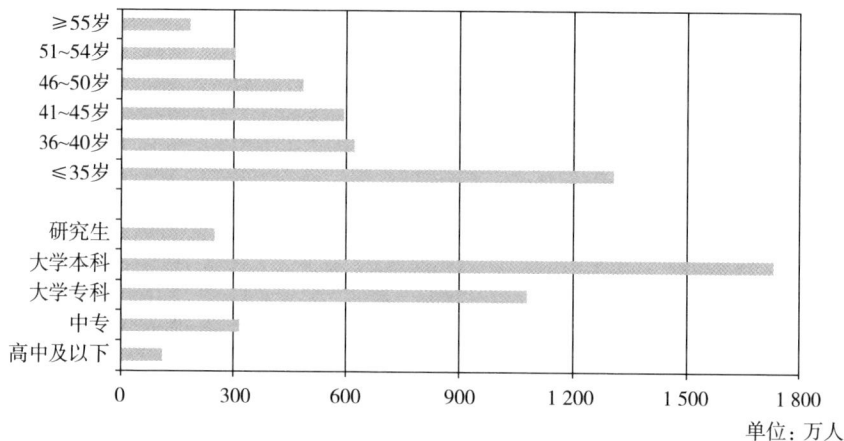

图1-6 2014年公有制经济领域专业技术人员年龄和学历结构

分类管理的重要性日益突出，针对不同行业、不同级别专业技术人员的岗位特征建立相应的专业水平评价标准已是当务之急。仍以公有制经济领域专业技术人员分布为例，用以下几组数据加以说明。

从所服务的机构看，2014年71.7%的专业技术人员在事业单位工作，而其中从事管理岗位的只占2.4%。反之在企业，36.2%的专业技术人员从事着与企业管理相关的工作。

从专业技术类别看，2014年人数排在第一的是教学人员，达到1287.2万人，占到专业技术人员总数的37.0%；工程技术人员其次，为634.1万人，占18.2%；卫生技术人员第三，为429.5万人，占12.3%（图1-7）。另有数据说明，2015年我国高等教育和中等职业教育教职工数量已经达到 352.24 万人，其中专任教师占到 69.5%。

（单位：万人）

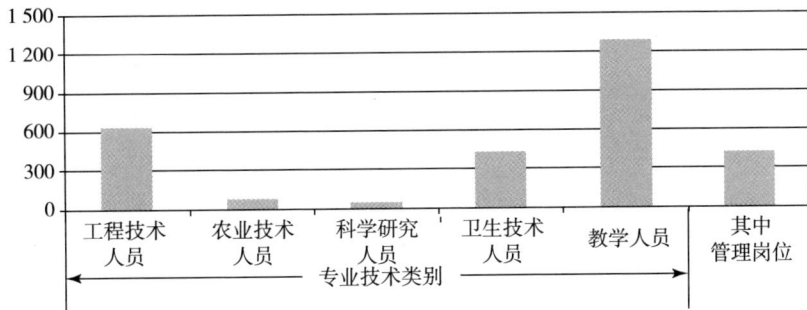

图 1-7　2014 年公有制经济领域专业技术人员专业技术类别和岗位分布

从行业分布看（图 1-8），由高到低，2014 年拥有专业技术人员数量排名前十的行业分别是：教育业（39.0%），卫生、社会保障和社会福利业（12.6%），公共管理和社会组织（7.9%），金融业（6.7%），制造业（5.4%），农林牧渔业（4.0%），建筑业（3.9%），交通运输、仓储及邮电通信业（3.5%），科学研究、技术服务和地质勘查业（3.5%），采矿业（2.8%）。十行业合计占到当年公有制经济领域专业

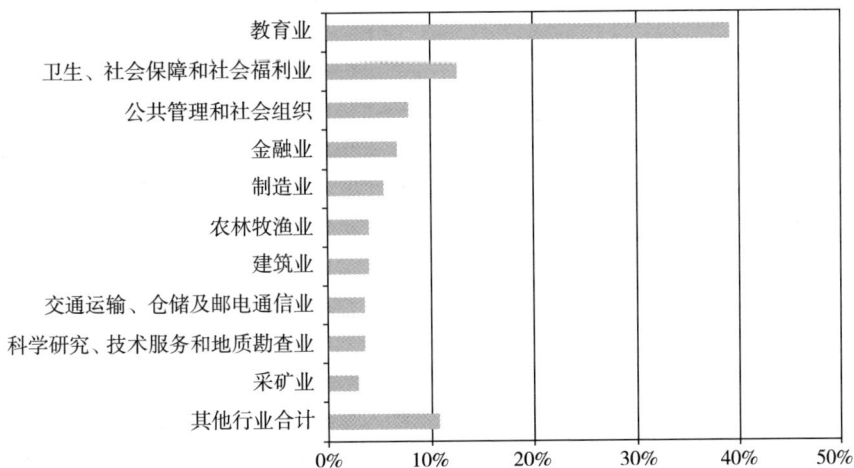

图 1-8　2014 年公有制经济领域专业技术人员行业分布

技术人员资源总数的89.30%，而每个行业对专业技术人员的能力要求有着明显的差异。

这些数据说明，针对不同行业建立有区别的水平评价标准非常有必要。

对外投资和对外合作的快速发展，对专业技术人员的能力提出了新要求。从图1-9可以发现，近年来，我国对外投资呈现快速增长态势，以承包或劳务方式在外的人数也随之增加，其中不乏大量的专业技术人员。在2014年博鳌亚洲论坛上，中国全面阐述了亚洲合作政策，并特别强调要推进"一带一路"的建设，得到世界的响应。到2016年年末，我国对"一带一路"沿线国家的直接投资涉及53个国家，2015年和2016年对上述国家的非金融类直接投资保持在140余亿美元的水平，对外承包工程项目合同数量和合同额激增，由2015年的3 987份、926亿美元猛增到2016年的8 158份、1 260亿美元。这就要求专业技术人员不仅要具有相应的专业技术能力，还要具有跨国语言能力、沟通影响能力、组织协调能力和项目管理能力，对高层管理人员来说还必须有宏观政治经济感知能力。

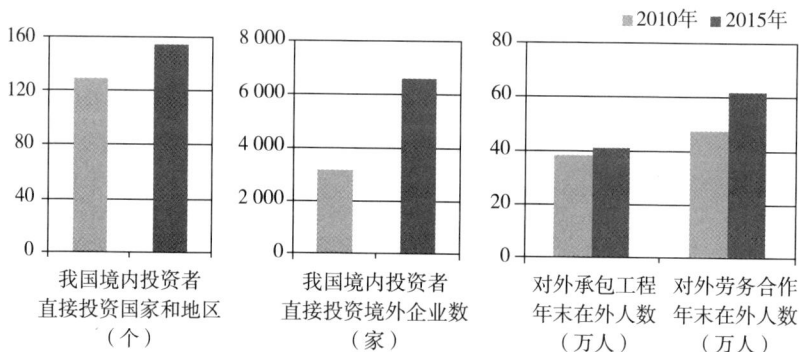

图1-9　我国对外合作发展状况

后备专业技术人员的成长关乎国家的未来，对这一群体的职业发展培养应从其学习阶段开始。统计表明，目前我国高校数量已经接近2 900所，研究生培养机构的数量接近800个，每年的毕业生数量持续上升（图1－10）。社会对他们的关注点主要集中在两个方面：一是面对新形势下的岗位需求，如何优化其知识结构和实践能力；二是如何构建高效运行的岗位培养体系，为其职业发展提供良好环境，尤其是对于低学历者中励志通过在职学习获得成就的人群，应为其从优秀技工成长为优秀工程师建立通道。这些不仅是高等教育面临的挑战，也是社会的共同责任，尤其是全国学会这一由科技工作者组成的社会团体，更是义不容辞。

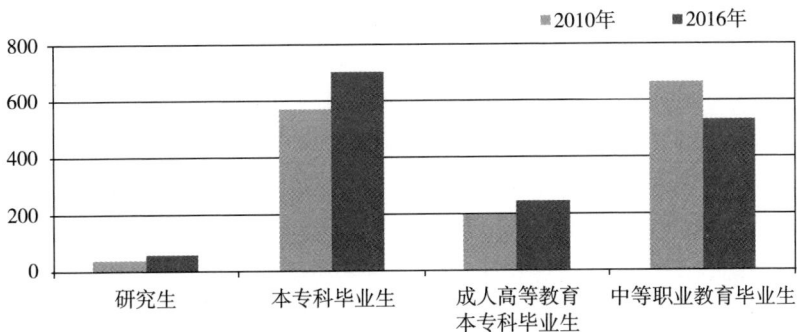

图1－10　我国2016年与2010年毕业生数量比较

第二章 我国专业技术人员评价制度的建立和思考

专业技术人员评价制度作为我国人力资源管理制度的重要组成部分，与我国职称制度、职业资格制度的建立、发展相随相伴，以 1986 年以来实行的"专业技术职务聘任制"和 1994 年开始逐步推行的"专业技术职业资格证书制度"为重要标志，我国专业技术人员评价制度与工业发展、社会需求的适应程度不断提高，在促进我国工业发展、工程技术进步、工程师队伍建设等方面发挥了积极作用。

本章将通过对我国职称制度历史沿革的回顾和人才评价面临的新形势、新需求的分析，提出对创新我国专业技术人员评价制度的新思考。

2.1 相关概念界定

1. 职业和工作（职务/岗位）

2008 年，为了满足国际标准职业分类的需要，国际劳工组织进一步澄清了职业（occupation）和工作（job）两个基本概念。"工作"是"某人为雇主（或自雇）而被动（或主动）承担的任务和职责的总和"。"职业"是"主要任务和职责高度相似的工作的总和"。在词源学上和职业社会学研究中，"工作"与"职务/岗位"几个概念通用。"工作系指所从事的工作或职务，职业由一些相似度较高的工作或职务所组成。"① 依

---

① 叶至诚著《职业社会学》。

据我国《国家职业大典》的规定，"职业"是指从业人员为获取主要生活来源而从事的社会工作类别，并且强调：职业须同时具备以下五个基本特征，即目的性、社会性、稳定性、规范性、群体性。课题组认为，厘清职业与工作（职务/岗位），对区分工程师职称与职业资格证书制度框架的功能定位、认证模式以及评价标准、评价方式和评价结果应用等方面具有重要意义。

2. 职业资格与职称

我国现行职业资格制度是为适应改革开放和建立社会主义市场经济体系新要求于 1995 年建立的。长期以来，很多人认为职业资格制度是职称制度的延伸，特别是实行"评聘分开"和为非公单位评职称之后，把部分职称评价等同于职业资格；2007 年，国务院办公厅《关于清理规范资格认证活动的意见》首次提出将职业资格纳入职称框架，"2009年全国人社厅局长会议"提出：建立包括许可类职业资格、职业专业水平评价和任职资格评价"三位一体"的新职称框架体系，进一步强化了这两个制度的统筹和一体化。课题组认为，职称制度和职业资格制度是专业技术人员的功能定位和制度设计基础不同的两种评价制度。应适时改变将职称制度纳入职业资格制度或将职业资格制度纳入职称制度的倾向，通过职称制度框架体系和职业资格证书制度框架体系构建，使两个制度各行其道、并行发展（表2 1）。

表 2-1 职称和职业资格的区别

	职称	职业资格
制度设计基础	职务（工作）和特定人力资本①	职业和通用人力资本②
功能定位	公共部门用人评价制度	社会化人才评价制度

---

① 2007 年国际标准职业分类修订大会：工作（job）是"某人为雇主（或自雇）而被动（或主动）承担的任务和职责的总和"。特定性人力资本是企业内部的劳动分工和员工知识、技能或个人关系（贝克尔）。

② 2007 年国际标准职业分类修订大会：职业（occupation）是"主要任务和职责高度相似的工作的总和"。通用性人力资本是指能够在很多行业或企业应用的知识和技能（贝克尔）。

续表

	职称	职业资格
框架体系	由职位（职务）、职组、职系、职级和职等构成	由许可类职业资格和专业水平评价类职业资格构成
适用范围	面向事业单位、国有企业和专业技术类公务员	面向全社会
评价主体	评审委员会	第三方人才评价机构
评价方法	评审委员会评议	全国统一考试或专家评议
评价标准	任职标准	通用标准
评价与使用	评聘结合	评聘分开
有效性时限	任期制	终身有效或复审制
有效性范围	单位内部有效	全国通用
运行机制	职务分类、职务评价、职务聘任和任职管理	职业分类、职业教育和培训、职业能力认定、资格证明
治理模式	政府宏观指导和单位自主用人	政府、行业共同治理

3. 许可与认证

通过实行国家职业资格制度对从事特定职业的人员进行适度规制是世界各国通行的做法。职业许可（license）和认证（certification）是被普遍采用的两种规制模式（表2-2）。

表2-2　职业规制的类别及其主要特征

	职业资格许可	职业资格认证
直接/间接	直接规制	间接规制
社会/经济性规制	社会性规制	经济性规制
重点	控制风险	提供信号

"许可"① (license)。作为名词，其基本含义是自由（freedom, liberty）、被允许；作为动词，许可是指通过授权而准许，或者经由准许而取消法律限制。

"认证"② （certification），含证明、证明文件之意。在我国法律文件中，2003年颁布的《中华人民共和国认可认证条例》（以下简称《条例》）首先使用了这个概念。《条例》指出，认证是指"第三方依据程序对产品、过程或服务符合规定的要求给予书面保证（合格证书）"③。

许可与认证相同之处：（1）都是基于某种标准、条件开展的评价、评定活动。（2）一般都以证书或证明文件正式确认。（3）这种确认对被申请者来说，都有一定的公信力。

许可与认证不同之处：（1）法律基础不同。许可属公法范畴，是行政行为；认证属私法范畴，具有中介性质。（2）实施的主体不同。许可只能是国家行政机关或法律法规授权的具有管理公共事务职能的组织；认证则是"第三方"。（3）设立的程序不同。许可，非法律法规不得设立。（4）法律效力不同。许可具有强制性、排他性，认证具有志愿性、可选择性。

4. 国家资格和学会资格

在文献研究中，以实施主体为依据划分职业资格类别的国家有韩国和日本。比如，韩国，将职业资格分为"国家资格"和"民间资格"。其中，"民间资格"又分为政府授权认证的职业资格和其他由学会、协会、院校和企业自行组织实施的职业资格。

中共中央于2016年3月21日印发的《关于深化人才发展体制机制改革的意见》指出，要"畅通非公有制经济组织和社会组织人才申报

---

① license是指"由有资格的权威机构发放的、准许在某些行业或职业岗位上工作或开展某些活动的文件，如果没有相应的许可文件，上述的活动就是违法的"。《威伯斯特新大学词典》（Webster's New College Dictionary）。

② certification指"证明某人已经达到了某一领域的基本要求可以在其中工作的文件"。《威伯斯特新大学词典》（Webster's New College Dictionary）。

③《条例》的适用范围包括产品、管理和服务，而不包括人的资格、资质。课题仅借鉴其概念的含义。

参加职称评审渠道"。中共中央办公厅和国务院办公厅于 2015 年 7 月 16 日印发的《中国科协所属学会有序承接政府转移职能扩大试点工作实施方案》（厅字〔2015〕15 号，以下称"两办 15 号文"）提出，要"围绕推进科技人才评价专业化、社会化的总体要求，突出学会专业属性和技术优势，重点开展专业技术人员专业水平评价类而非行业准入类职业资格认定，以区分学会和行业协会的差异与合理分工"。

基于上述分析，并且统筹考量实施国家职业资格目录清单管理和充分发挥中国科协及所属全国学会职能作用的需要，课题组认为，我国专业技术人员职业资格可分为"国家资格"和"学会资格"，尤其在针对专业技术人员中最大的群体——工程师更应采用此种分类。其中，"国家资格"是指列入国家职业资格目录清单管理的职业资格，包括由国家职业资格主管部门授权中国科协所属全国学会实施的许可类职业资格（部分）和专业水平评价类职业资格。"学会资格"是指依据"两办 15 号文"精神，由中国科协及其所属全国学会统一组织的专业水平评价类职业资格。

5. 注册工程师

在实践中，对"注册"（Registration）＋"职业名称"有两种理解：一是从狭义理解，认为"注册＋"表明资格的许可属性，如注册会计师、注册建筑师、注册结构工程师、注册土木（岩土）工程师、注册土木（港口与航道）工程师等；二是从广义理解，注册是工程师专业发展和质量保证的程序性环节，是指已经获得职业资格认证（行政许可和专业水平评价）的工程师向专业机构或政府部门登记备案。

在深度分析各国情况后，课题组认为，一个工程师职业类别是否经过注册程序与各国国情相关，不能一概而论。综合世界各国职业资格的实践经验，课题组采用第二种意见并且认为，职业认证是注册的前提，注册是对职业资格认证结果（证书）的重要保障。通过注册，一是可以使工程师持续受到专业机构的关注和支持，保障其专业发展；二是利于政府及社会各方面及时掌握工程师群体信息，制定相应政策及激励措施。

6. 专业和专业化

专业（profession）也称专门职业[①]、专业人员。与我国"专业技术人员"（《国家职业大典》第二大类）不同，专业（profession）作为一个独立的职业类别存在于国际标准职业分类和美国等世界主要国家职业分类之中。1995年7月，世界贸易组织统计与信息局在界定专业服务[②]范围时采用列举清单的办法确定"专业"的统计口径，包括法律、会计审计与簿记、税务、工程、城市规划、医疗等11个职业群落。这一界定与国际标准职业分类——"专业人员"大体对应。综合文献研究成果[③]，并基于对《行政许可法》第十二条的理解，课题组认为，从职业的角度看，专业具有以下四大特征。

（1）专业是职业，具有职业的五个基本特征：即目的性、社会性、稳定性、规范性和群体性。

（2）专业是具有"特殊信誉、特殊条件或特殊技能"的职业，从业人员须经高等教育或系统训练。这是区别专业与一般职业的主要依据。

（3）专业是"直接或间接提供公众服务"的职业。同一职业，在一、二、三产业中同时存在，但专业是这种职业高度社会化的结果，从业人员的执业范围、服务方式、职业规范"关系公共利益"，是第三产业特别是现代服务业中的职业。

（4）专业是伴有国家和社会呼应行为的职业。其中国家的职业规制是最为普遍的表现方式。

课题组认为，"专业"的视角对职业资格框架体系研究是一个有益的视角，这将有助于从职业属性和特征上把握职业资格证书制度适用范

---

① 《专门职业和技术人员考试法》（台湾地区）。

② 国际专业服务（professional service）是指国家间对在他国获得的某些专业或商业营业执照、学位证书以及技术职称等资格予以承认，专业人员根据委托人的要求提供专业服务并获得报酬的活动。

③ 作为一个科学术语，专业（profession）被看成一个富有历史、文化含义而又变化的概念，主要指一部分知识含量极高的特殊职业。详见赵康《专业、专业属性及判断成熟专业的六条标准》。

围、重点领域及其与职业教育、专业学位教育的关系。从世界各国职业资格制度演进看，专业领域是实行职业资格证书制度的资源"富集区"①。

自20世纪70年代，职业社会学从对职业现象分类学式的研究逐渐转向关于职业专业化（professionalization）的研究。"专业化"是指许多职业不断改变自身的关键特征，争取专业地位的动态过程。学者们认为，与其通过对职业特征的列举来理解职业，不如通过对知识、技能的作用和行业团体能够实现自律自治的社会条件来理解职业，更有理论和实践的意义。由此产生了一系列观察职业"专业化"的理论和模型。其中影响比较大的有职业属性模型（attribute model，表2－3），职业属性模型对职业的基本特点进行界定，职业专业化过程模型是描述职业从工作到专业的过程。课题组认为，这是职业社会学为职业资格框架体系研究所提供的另一个重要和有益的视角，这将有助于从职业自身发展规律上把握职业资格证书制度形成的动力机制、框架体系、治理模式，以及对正确处理政府规制与行业自律的关系具有重要的理论意义和实践意义。

表2－3　典型的职业属性模型

Flexner（1915）	Pavalko（1988）
● 工作中使用的技能需要有理论知识为基础 ● 工作技能需要长期的教育与训练 ● 通过考试来确定职业胜任力 ● 有明确的职业道德和精神规范 ● 职业为社会提供了公共产品 ● 有专业的职业社团或协会	● 具有本职业特有的专业知识 ● 工作技能需要长期的教育与训练 ● 工作具有社会价值 ● 具有服务和收益双重动机 ● 自我管理和自我控制。只有本职业的从业者才能判断其他人是否胜任该职业 ● 形成强烈的职业共识和亚职业文化 ● 有明确的职业精神和常识规范

① 在法制健全的国家，为维护专业人员及其"顾客"的共同利益，对专业人员有严格的资格认可制度，对其从业或开业有整套的注册登记制度。详见王沛民《研究与开发"专业学位"刍议》。

7. 国家资历框架

"国家资历框架"（national qualifications framework，NQF）是指按照一系列规定的学习水平标准进行资历分级的工具，旨在整合和统筹国家资历层级系统，改善与劳动力市场和公民社会相关的资历的透明度、机会、进步和质量。它通常以学习成果的形式明确规定和描述学习者获得某一层次资历所须掌握的知识、技能和能力，而不考虑这些知识、技能和能力在何处获得。自 20 世纪 90 年代以来，国家资历框架获得快速发展，首先从澳大利亚、新西兰、英国等以英语为母语的国家和法国开始，之后蔓延到南非、马来西亚等其他国家。近些年来，随着经济全球化、人员流动国际化趋势的迅速发展，国际组织对国家和区域性资历框架制定和实施给予了持续关注与推动，使国家资历框架日益成为许多国家和地区深化教育与培训制度改革、促进学历学位证书与职业资格证书相衔接以及推动本国资历国际互认的重要工具。

2010 年颁布的《国家中长期教育改革和发展规划纲要（2010—2020 年)》指出："建立继续教育学分积累与转换制度，实现不同类型学习成果的互认和衔接。"2016 年制定的《中华人民共和国国民经济和社会发展第十三个五年规划纲要》则明确要求："建立个人学习账号和学分累计制度，畅通继续教育、终身学习通道，制定国家资历框架，推进非学历教育学习成果、职业技能等级学分转换互认。"

2.2　我国职称制度的发展和职业资格制度的建立

20 世纪 60 年代之前，是我国职称制度的起步阶段。这一阶段尚未建立明确的职称概念，"职称"即职务，专业技术人员归为"国家干部"序列，其技术职务等同于行政级别，实行任命制，技术职务与工资福利待遇挂钩且终身享受。根据 1956 年 7 月制定的《国家机关工作人员工资标准》，工程技术人员的职务名称分别为：总工程师、副总工程师、工程师、技术员、助理技术员。1963 年党中央批准了高教、科研、工程、农业和卫生 5 个技术称号条例。因此，在这一时期，"职称"更多地被赋予了"职务""学衔"和"称号"的含义。

进入 20 世纪 60 年代，国家开展了不与职务、待遇挂钩的学术技术称号（学衔）制度的探索，但受到国家经济发展状况和社会发展环境的影响，这些探索并未得到实施，直到 1977 年 9 月 18 日《关于召开全国科学大会的通知》中才明确指出："应恢复技术职称，建立考核制度，实行技术岗位责任制"，我国由此开始了新一轮职称制度的建立，明确提出了"职称"的概念，将其定义为"表明专业技术人员水平能力和工作成就的称号"，不与职务、待遇直接挂钩，突出了专业评价本质，政府制定并公开了相关标准和程序。

1979 年我国正式开始了科技干部技术职称和专业干部业务职称的评定工作。其主要特点是：工程师职称只是表明工程专业技术人员的水平能力和工作成就的称号，由专家评审确定；没有岗位要求和数量限制；没有任期，一次获得即终身享有。到 1983 年，国家正式批准的职称系列发展到了 22 个。

由于缺乏总体规划和系统的体系构建，这一制度在实施中逐步暴露出一些问题。为此，1986 年 1 月 24 日，中共中央、国务院联合下发《关于转发〈关于改革职称评定、实行专业技术职务聘任制度的报告〉的通知》（中发〔1986〕3 号）中明确指出："改革的中心是实行专业技术职务聘任制度，并相应地实行以职务工资为主要内容的结构工资制度"，这标志着我国专业技术职务聘任制度建设工作开始。同年 2 月，国务院发布了《关于实行专业技术职务聘任制度的规定》，指出实行专业技术职务聘任制度的基本内容是：专业技术职务是根据实际工作需要设置的有明确职责、任职条件和任期，并需要具备专门的业务知识和技术水平才能担负的工作岗位，不同于一次获得后终身拥有的学位、学衔等学术、技术称号。1986 年开始的职务聘任工作是希望用能上又能下、随岗位而变化的职务管理来代替只能上不能下、终身所有的职称（身份）管理，把长期以来高度集中、以静态管理为特征的配置格局改为在国家指导下企事业单位和专业技术人员均拥有一定自主权、以动态管理为特征的配置格局。一方面，通过资格评定给予工程技术人员以专业技术水平与能力的认可；另一方面，通过岗位职务的聘任，将岗位要求和技术人员的资格、待遇、责任等统一起来，并通过设置一定的任期保证工程技术人员的整体质量和水平，但由于社会观念、政策和环境等尚未配套到位，在实施的过程中并没有体现专业技术职务聘任的原有用意，这种"职称评定"的做法一直延续至今。但经过此轮改革，初步完成了政府、社会团体、单位和专业技术人员个体间的关系调整，专业技术人员拥有了职称评审的知情权和申请权，企事业单位有了一定程度上的用人自主权，为后续改革奠定了重要基础。

进入 20 世纪 90 年代，我国的理论工作者和政府有关部门开始认识到，资格地位和职务级别虽然可以在同一个专业技术人员的工作中统一起来，但是内涵与外延完全不同。要解决聘任制存在的不合理问题，必须改造制度本身，实行工资、职务、资格三个不同的管理体系相分离。

这一时期我国职称制度改革的最突出特点是：转入探索实行职称系列分级分类管理、强化专业技术职务聘任（评、聘分离）和推行职业资格制度的过渡阶段，工程技术作为职称系列的一大组成部分，其职称管理也进入专业技术职务聘任和职业资格共存的阶段；开始尝试跳出人事管理制度的圈子，通过职称和职业资格的统筹管理，淡化干部、工人的身份界限，以实现工程技术人员和技术人才、高技能人才评价体系的贯通；其主体功能更加强调评价，强调评聘分开。

推动这一时期职称制度改革的重要文件包括：1993 年 11 月，中共中央在《建立社会主义市场经济体制若干问题的决定》中确定，我国实行职业资格证书制度；1994 年 7 月颁布的《中华人民共和国劳动法》，首次将"国家实行职业资格证书制度"列入法律条款；1995 年 1 月，国家人事部根据国务院批准的人事部"三定"方案和《关于加强职称改革工作统一管理通知》，制定了《职业资格证书制度暂行办法》；1995 年 9 月颁发《中华人民共和国注册建筑师条例》（以下简称《条例》），这是我国第一部对工程技术人员注册资格进行管理的法令；1996 年 10 月 1 日，《条例》与建设部当年第 58 号令发布的《中华人民共和国注册建筑师条例实施细则》正式在全国实施。

此后，建设部又陆续建立了注册结构工程师资格管理制度、全国监理工程师执业资格制度、造价工程师执业资格制度等，其他一些部委也在人事部的授权下开展了相关专业执业工程师制度的实践探索。2009年人社部结合职称制度改革，开始酝酿起草国家有关工程师制度改革方案。

经过20多年的实践和探索，我国职称制度围绕自身体系更加专业化、社会化、国际化和市场化（进一步强化"四权"分立，即个体的知情权和申请权；社会团体的评审权；单位的聘任权；政府部门的制度设计和监督管理等权利）的目标，取得了以下三个方面的重大突破。

一是完善评价标准，改进和丰富评价方式。1994年以来，原人事部会同33个业务主管部门，结合行业和岗位特点陆续制定完善了190个专业的中级、高级职称评定的量化评审条件，进一步强化了评价标准的能力、业绩导向。同时推行了考试、考评结合，面试（答辩）等多种评价方式。

二是探索将评价工作委托社会团体进行。自20世纪90年代开始，从中央到地方的一些政府经济主管部门转为行业协会，职称评定工作也随之转移。深圳自2002年开始探索社会团体承担职称评定工作，至2014年在全国率先实现了职称评定职能全部转移给社会团体。

三是探索职称和职业资格国际互认工作。2003年，我国启动了工程教育专业认证加入《华盛顿协议》工作，在相关政府部门和中国科协等的组织与推动下，经过以全国学会为主体的相关社会团体的共同努力，中国于2016年成为《华盛顿协议》正式成员，此举为我国推进工程师国际互认奠定了重要基础。

综上所述，经过上述发展，我国专业技术人员作为职称系列的一大组成部分，其职称管理也进入专业技术职务聘任和职业资格共存的阶段，而我国的职业资格制度也形成了职业许可（执业资格）和职业能力认证（从业资格）两个体系。

职业许可是指根据《行政许可法》的规定，国家行政机关或法律法规授权的具有管理公共事务职能的组织，确认申请人符合相关法律法规规定的资格标准，并准予其从事特定职业的行政行为。所获得的职业资格证书是执业的必要条件。

职业能力认证是指由权威的、专业的第三方（相对申请人和用人单位）依据一定的标准和程序证明申请人具有从事某一职业或担任某一职务的能力、水平要求的评价活动。这类资格评价的主体既可以是政府，也可以是社会团体和企业。所获得的证书不是对人员就业、执业的限制，而是对专业技术人员的素质和职业能力达到一定水平的鉴定、证明和认可。

在建立和推行职业资格制度的同时，将其与专业技术职务任职资格评定（以下简称职称评定）进行统筹管理，将原29个职称系列中社会通用性较强的系列或专业调整为职业资格制度，其余继续实行职称评定。调整的这部分系列或专业中，实践中出现了两种情况：一是转为职业资格制度后，不再进行职称评定，如律师；二是既实行职业资格制度，又实行职称评定，如教师。

近三年来，国家进一步加快了职称制度改革的步伐（表2-4）。根据国务院要求，自2014以来已经分7批共取消国务院部门设置的职业资格434项，占总数的70.2%，涉及发展改革委、财政部、人力资源和社会保障部、交通运输部、农业部、文化部等部门和中国企业联合会、中国机械工业联合会、中国轻工业联合会、中国铁路总公司等行业协会、企业。

表2-4　我国职业资格设置和变化情况　　　　单位：项

	合计	其中	
		国务院部门设置	地方设置
截至2013年年底共设置	2 493	618	1 875
其中：专业技术人员职业资格	608	219	389
技能人员职业资格	1 885	399	1 486
截至2016年年底已取消		434	
其中：专业技术人员职业资格		154	
技能人员职业资格		280	

依据 2017 年 1 月 5 日人社部印发的《进一步减少和规范职业资格许可和认定事项的改革方案》（以下简称《改革方案》），我国将在"十三五"时期构建起科学设置、规范运行、依法监管的国家职业资格框架和管理服务体系。为实现这一目标，将重点落实以下工作任务：（1）进一步加大减少取消职业资格许可和认定事项工作力度；（2）实施国家职业资格目录清单管理；（3）全面清理名目繁多的各种行业准入证、上岗证等；（4）强化对职业资格设置实施的监管服务；（5）完善技能人才职业技能等级认定政策，并做好与职业资格的衔接；（6）加强国家职业资格法治建设。《改革方案》要求，今后《国家职业资格目录清单》之外一律不得许可和认定职业资格，清单之内除准入类职业资格外一律不得与就业创业挂钩；建立调整更新机制，对目录清单进行适时调整、动态更新。

根据改革的总体部署，人社部于 2016 年 12 月 16 日发出通知，对拟列入《国家职业资格目录清单》的 151 项职业资格向社会进行了公示，其中专业技术人员职业资格 58 项，技能人员职业资格 93 项。2017 年 2 月 21 日，人社部发布了《关于职业资格目录清单公示内容调整情况的说明》，这标志着我国职业资格管理进入了一个新的阶段。

2017 年 1 月 8 日中共中央办公厅、国务院办公厅印发的《关于深化职称制度改革的意见》指出：通过深化职称制度改革，重点解决制度体系不够健全、评价标准不够科学、评价机制不够完善、管理服务不够规范配套等问题，使专业技术人员队伍结构更趋合理，能力素质不断提高。力争通过 3 年时间，基本完成工程、卫生、农业、会计、高校教师、科学研究等职称系列改革任务；通过 5 年努力，基本形成设置合理、评价科学、管理规范、运转协调、服务全面的职称制度，促进职称制度与职业资格制度有效衔接。以职业分类为基础，统筹研究规划职称制度和职业资格制度框架，避免交叉设置，减少重复评价，降低社会用人成本。

2017 年 5 月 24 日，国务院总理李克强主持召开国务院常务会议，决定设立国家职业资格目录。以此为标志，我国职称制度改革将再次跨入一个新的历史阶段。

2.3 现行专业技术人员评价制度
　　　存在的主要问题

从历史沿革看，我国专业技术人员评价制度随着职称制度的改革不断与时俱进，并且在各个历史时期对当时经济、社会及人才的发展起到了巨大推动作用。但由于各种原因，我国尚未建立真正意义上与国际接轨的评价制度，主要表现在以下四个方面。

1. 缺乏系统的顶层设计，配套法规不健全

我国现行职称制度实际上是包括职称评定、职业许可和职业能力认证的一套大体系。但到目前为止，始终缺乏对这个大体系系统的顶层设计，由此导致操作层面上的三个主要盲点：一是职称与职业资格间的关系界定，执业资格和从业资格间的关系界定；二是从专业化、社会化、国际化评价需求出发，政府、社会团体、企事业单位在人才评价体系中各自的地位和作用；三是国内职业资格（职称）和国外职业资格（职称）间的关系界定。

自1994年以来，我国针对工程领域从业技术人员的职称制度经历了从仅仅作为国有企事业单位内部人事管理制度向面向全社会工程技术人员社会化评价的转变过程。一部分工程技术人员职称评价从原有的职称序列分离出来，实行职业资格制度。目前由政府部门建立的职业资格有6项，共涉及18个职业，而其他各类工程技术人员依然采用现行职称评价办法。在认证范围上，现行29个工程师专业技术系列还不能完全覆盖新增专业技术领域，对于非公有制单位专业技术人员还难以为他们提供及时有效的服务，合资企业、民营企业往往得不到政府部门开展工程师专业技术职称资格评定工作的授权。企业领导者也缺乏开展相关工作的积极性，导致在这些企业工作的工程技术人员职称问题长期无法解决。一些企业如华为、中兴等制定了本企业的岗位资格评价办法，但仅限于企业内部实行。

深入分析以上现象，根本原因在于现行职称制度仍然被桎梏在人事管理制度框架内，不能真正打破干部、工人的身份界限，不能真正实现工程技术、技术和技能人才评价体系的贯通，不能真正发挥社会团体在人才评价方面的作用。

除此之外，职称制度的配套法规建设明显不足。虽然现有的《行政许可法》《劳动法》和《就业促进法》都对实行职业资格制度做出了原则性规定，但一直未形成更进一步的配套法规。这在某种程度上也是造成现行职称制度缺乏系统顶层设计的原因。

2. 专业评价的主体功能不强

职称制度的主体功能是专业评价。从其演进过程来看，我国职称制度正在逐步实现对专业评价本质的回归。遗憾的是，现行职称制度的专业评价主体功能仍不强，仍与人事管理制度中的聘任功能、分配功能等纠缠不清，仍承载着太多待遇，导致现实中"评与用"的纠结和"评职称"过程中的许多扭曲意识与行为出现。在工程领域专业技术人员的评价中，这一矛盾更加突出。

首先，表现在评价与使用脱节，"评的用不上"与"用的评不上"的矛盾突出。对企业而言，由于用人自主权的落实，在招聘、定岗、任命、提拔过程中"认不认职称"完全由企业自己说了算（职业许可除外）。但由于现行职称制度的专业评价功能不强，导致企业对现行职称制度及其评价结果的认可度不高，"评的用不上"现象比比皆是。2014年中国科学技术协会会同上海工程师协会开展的《企业科技工作者职称状况调查》（以下称"中国科协调查"）显示，近半数企业对现行职称制度及其结果认可度不高，从而挫伤了企业科技工作者通过专业技术"通道"上进的信心，导致四成科技工作者认为职称作用不大。2015年全国学会专业技术人员专业水平评价工作群（以下称"学会群"）开展的《全国学会专业技术人员专业水平需求调查》（以下称"学会群调查"）[①] 同样显示，受访的专业技术人员中约有 1/3 没参加过职称评审，

———————

① 详见本书第三章，下同。

其中有 1/4 的人不参加的原因是认为职称没有用。对事业单位而言，由于人事管理制度改革相对缓慢，各方面配套措施未及时跟进，其专业技术人员上进主要还是走职称这个"独木桥"，而职称又与待遇紧密挂钩，因此"用的评不上"现象较为严重，这同样挫伤了专业技术人员的事业心。

其次，表现在无法准确反映专业能力，不能满足人才合理流动需求。如前文所述，用人单位特别是广大企业对现行职称评价结果普遍认可度不高，认为职称获得者在工作中所表现出来的水平、能力和本单位的要求有一定差距。换句话说，用人单位认为职称不能真实反映工作能力，不能作为用人单位选人用人的依据，因此难以满足人才合理流动需求。加之同一技术领域在不同地区的发展水平各异，导致各地持同一级别证书人员的实际专业能力存在实质性差异，无法实现不同地区、不同发展水平用人单位之间的证书和能力互认。

最后，表现在负载待遇功能与待遇难脱钩导致社会矛盾加剧。由于现实中职称与工资、福利、转户口等种种待遇仍难脱钩，在有些地区近年来还有强化趋势，使得评职称就是评待遇的观念还普遍存在，导致技术人员在评职称的过程中明争暗斗，加剧了社会矛盾。

3. 社会化进程缓慢

市场经济条件下，政府的管理方式应该以间接管理为主。现代社会治理模式要求政府、社会团体和公民之间的合作共治，具体到职称管理中，就是要形成政府、社会团体、企事业单位共同参与的多元管理模式，而政府在其中的主要职能应该是顶层设计、宏观管控和服务保障。目前国内从上到下对此已达成共识，近 20 年来已经有了明显行动，且已取得了局部效果，但政府主导职称评定的局面并没有得到根本改变，由此带来微观上行政化过度或越位，宏观上管理不到位或缺位，社会化进程不能满足经济社会及人才发展的需求，具体表现如下。

一是不能满足非公领域企事业单位科技人员和青年人才发展需求。如前所述，当前在非公领域就业和自主创业的人员已成为社会的大多数，他们既是经济发展的主力军，更是创新创业的生力军，但由于申报渠道等方面的原因，现行职称制度显然不能满足他们的发展需求。2014年中国科学技术协会会同中国人事科学研究院（以下称"人科院"）开展的《全国科技工作者专业技术职称状况调查》（以下称"人科院2014年调查"）显示，如果具备评定职称的条件，89.7%的非公领域就业科技工作者都希望获得职称；84.1%的人认为职称对其现实工作有一定甚至很大的作用。该调查同时显示，72.9%的非公领域就业科技工作者希望改革现行职称制度。中国科协的调查显示，40岁以下的青年科技工作者拥有职称的比例不到20%。

二是对新兴领域发展形成制约。随着产业结构调整，特别是信息技术、网络经济的发展，新兴领域、岗位层出不穷，学科交叉成为对未来专业技术人员能力要求的新特点。但苦于现行职称制度对职称（职业）系列或专业的调整跟不上，相关标准和程序迟迟不能出台，导致新兴领域的专业技术人员"望职称兴叹"。中国科协的调查显示，目前仅少数省市就新兴产业出台了相应的职称评定政策。在现行的职称国家分类标准体系下，跨学科、跨行业、跨领域的交叉人才流动渠道不畅问题十分突出。

三是分类管理不到位，不能体现"同行评价"。从人才评价的国际走向来看，"同行评价"是大趋势，能够充分体现不同类别专业技术人员的职业特点和发展规律。而我国现行职称制度从系列设置、职级划分到评价方法的分类管理均不到位，在评审专家推荐选拔方面又统得较死，导致与评价对象的专业契合度不高，不能体现"同行评价"。

四是科技社团的作用没有得到有效发挥。目前，从制度体系看，除了人力资源管理部门管理的工程师职称评定工作外，社会上参与到针对技术岗位的专业技术人员能力（资格）评价工作中的还有劳动管理部门、交通管理部门、中国科协所属全国学会和部分企业，标准不一致、名称交叉和重叠的问题十分突出。如何解决职称评审难，在学会群调查中受访者给出的建议是：充分发挥社会团体联系会员、服务会员的优势。目前，尽管部分全国学会组织实施的以同行认可为特征的工程师专业水平评价工作已经形成了一定的社会公信力，得到所在行业的认可，但至今尚未纳入国家职业资格框架。

4. 评价标准和方式不能与时俱进

现行职称制度中许多明显过时或不够科学合理的评价标准和方式仍在沿用，跟不上客观需求的变化，更没有在评价标准方面体现从事工程技术应用研究的工程师和相关基础研究的学者的差异。人科院 2014 年调查显示，66% 的科技工作者和职称管理者认为"完善评价标准，突出能力和业绩"是深化职称制度改革的重点。学会群的调查显示，54.4% 的专业技术人员认为"职称评价偏重论文、学历的倾向没有根本改变"，37.6% 的人认为"职称评审程序烦琐，管理服务水平不高"。

总体上看，对工程技术人员的能力要求可以归结为理论知识、解决实际问题的能力、对所在领域前瞻技术发展跟踪的能力等方面。但在当前的实际工作中，对不同级别工程师的能力要求存在很大差异，对同级别但从事不同领域工作工程技术人员的专业能力要求也不尽相同。而现行的标准过于笼统，没有体现上述差异，实施过程中重获奖数量和级别、重论文数量等的倾向（尤其是对高端人才的职称评定）日益突出，对工程技术人员解决工作实际问题能力的要求被弱化。人科院 2014 年调查显示：55.9% 的工程技术人员认为现行职称制度存在最主要的问题是"职称评价偏重论文、学历的问题没有解决"；43.4% 的工程技术人员认为现行职称评价存在论资排辈、能上不能下的现象；同时，工程技术人员对"学历""计算机水平""外语水平"等要素评价，重要性均小于满意度；对"职业道德规范""科研课题和科技成果""专业实践能力"等要素的重要性与满意度的差值最大，分别为 0.18、0.19 和 0.24。工程技术人员还反映，在职称评价中对技术成果转移转化的因素也重视不够。

5. 国际化对接阻碍较大

经历了近 40 年的改革开放，中国已经确立了世界大国地位，在推动世界经济发展中发挥着举足轻重的作用。随着对外经济交往的日益广泛和深入，国家间的人才流动也在不断增加。一方面有更多的中国专业技术人员将随着对外合作项目走出国门，有更多的外籍专业技术人员成为中国企业海外公司的雇员；另一方面会有更多的外籍专业技术人员来到中国，长期生活和工作。国家"走出去"战略的内涵也不仅是要实现中国制造"走出去"，更要实现中国人才和中国智力"走出去"，参与到更高层面的国际竞争中。种种需求都决定了，必须尽快实现我国专业技术人员评价体系与国际接轨。

人科院 2014 年调查显示，45.1%的工程技术人员认为"职称评价含金量不高，缺乏等效性和国际可比性"。现实中，我国目前仅有少数职业，如结构工程师、建筑师等与有关国家和地区开展了资格互认。

造成这一状况的最直接原因是评价标准的国际可比性和等效性不强，已成为影响和制约我国实现与发达国家开展双边或多边资格互认工作的瓶颈。同时，目前我国实行的工学教育学位评价与职业资格认证"双轨并行"，分属教育部和人社部管理，更增加了国际互认的难度。

与国际对接的另一个瓶颈来自评定主体。从世界上多数市场经济国家和地区看，其职称评定，特别是职业资格评定，都是通过社会团体采用同行专家评价的方法，而我国现行职称制度仍然在政府的主导之下，成为影响中国加入国际工程师互认协议的重要阻碍。

调研中，工程技术人员强烈呼吁，继我国加入《华盛顿协议》后，应抓紧启动《工程师流动论坛协议》等国际工程师职业资格互认工作，这不仅是我国工程技术人员国际化的需要，也是我国企业和工程专业服务机构实施"走出去"战略的迫切需求。

2.4 建立符合中国国情的工程领域专业技术人员注册制度的必要性和紧迫性

1. 深入实施创新驱动发展战略的需要

党的十八大报告提出，把"实施创新驱动发展战略"放在加快转变经济发展方式部署的突出位置，为此需要培养大批高水平的工程技术人员作为支撑。近现代的历史经验表明，工程技术人员队伍在世界各国的工业化过程中发挥着核心作用，影响着工业化的进程和竞争力。然而，我国工程技术人员的总体水平，与现代化建设的需要相比、与发达国家同类人才的素质相比还具有较大差距。近 10 年来瑞士洛桑国际管理发展学院（IMD）公布的《世界竞争力年鉴》表明，在 60 个国家和地区中，我国"科技研发人员国际竞争力"徘徊于中游，"合格工程师"列于后位，甚至有些年份列末位。要缩短与发达国家工程技术人员水平间的差距，增强我国自主创新能力以及全面提升国家竞争力，必须加快培养和造就创新型工程技术人员，加快建立职业化和国际化的工程技术人员开发体系。2011 年，中央出台的《专业技术人员队伍建设中长期规划（2010—2020 年)》提出，要"建立和完善与国际接轨的工程师认证认可制度，提高工程技术人员职业化、国际化水平"。

2. 应对经济全球化趋势的需要

经济全球化特别是国际专业服务贸易发展加剧了专业人员和技术人员的跨国流动。但从实践情况看，目前我国在专业服务领域的国际竞争力还比较薄弱。同时，随着中国经济的快速发展，越来越多的外国人选择来到中国工作。据统计①，近 5 年来，持外国人就业证在中国工作的外国人持续保持在 24 万人左右，持台港澳人员就业证在内地工作的台港澳人员持续保持在 8 万人左右。在调研中有专家指出，现在的局面是"洋资格""洋服务"要纷纷进来，而我们能走出去的少之又少。课题组认为，在越来越开放的环境下，不仅我们的工程技术人员急需"走出去"，我们自己的专业技术人员要在国家间和"一带一路"流动起来，同时我们要从国外引进急需、紧缺的高层次人才，国外的工程技术人员也有要"走进来"的需要。在这些方面，职业资格证书制度都是最基础的一环。在我国建立具有国际化、专业化特征且与中国国情相结合的工程师制度，对实现工程师国际互认、促进中国专业技术人员走出去、吸引更多工程技术人员在中国工作和兼顾保护中国就业市场的需要具有重要意义。

3. 深化人才体制机制改革的需要

目前对工程技术人员的评价主要依靠职称制度，而职称评定方式名

---

① 详见附录一。

义上是"同行评议",但实践中是以单位或是地方邀请同行专家组成的机构基础开展的,这种"小同行评议"往往造成标准难以统一,易受人情关系和行政干预的影响,评定权威性不足,国际可比性更无从谈起。

本课题研究调研过程中来自企业的反馈也证明了这一点。中国重汽集团相关负责人认为,各单位职称评价标准各有不同,有些高级工程师不具备相应水平,企业之间相互不认可。包头钢铁公司工程技术人员认为,当前主要基于年资而非能力的评价制度,没有对工程技术人员的职业发展起到很好的引导作用。人科院 2014 年调查显示,45.1% 的工程技术人员认为当前在职称评价中存在的主要问题是"职称评价含金量不高,缺乏等效性和国际可比性"。

为满足选人,用人的需要,一些企业如华为、中兴等则制定了本企业的岗位资格评价办法,但仅限于企业内部实行。2013 年人科院《工程科技人才职业化和国际化研究》成果(以下称"人科院研究成果")和人科院 2014 年调查显示,60.3% 的受访工程技术人员认为要进一步推进职称改革社会化,"扩大评价对象范围,为社会各类专技人才服务"。

4. 推进政府职能转变和社会化评价体系建立的需要

在经济发达国家,非政府、非营利专业机构往往在推动工程师职业化发展中扮演着规制、引导,甚至主导角色。如英国工程理事会、美国工程与测量考试理事会、美国工程和技术鉴定委员会以及澳大利亚工程师学会等第三方非营利组织,分别在英国、美国和澳大利亚负责建立、维护工程师认证和工程教育鉴定标准,实施认证和评估程序,实现对工程师资质专业质量的严格控制。在发达国家,政府部门不具体从事标准制定、评价设计和能力专业水平评价工作,更多的是扮演组织、领导和协调角色,调动、辅助相关专业机构开展专业化活动和服务。2015 年 7 月"两办 15 号文"明确提出,科技评估、工程技术领域职业资格认定、技术标准研制、国家科技奖励推荐等工作,适合由学会承担的,可整体或部分交由学会承担。这就需要各工程技术领域的相关学会,进行相关制度设计和体系构建，尽快形成承担制定标准、规范流程、评价考核、鉴定认证等具体职能的能力。

5. 建立工程师国际互认机制和渠道的需要

加快建立我国工程师国际互认机制和渠道，来自两个方面的迫切需求。

一是应对企业走出去的需要。随着我国越来越多的企业走出去，具备国际工程师资格互认成为企业参与国际经济活动的重要前提条件。目前我国仅有少数职业，如结构工程师、建筑师等与有关国家、地区开展资格互认取得了一定进展，其他职业领域的互认工作还处于空白。

二是国际化团队管理的需要。随着改革开放的不断深入，我国骨干企业的专业技术队伍结构已经发生了重大变化，越来越多来自海外的工程师成为专业技术人员队伍中的重要一员。与此同时，许多中国企业建立了海外研发团队和生产基地，越来越多的当地技术人才成为中国企业的员工，如何进行国际化专业技术队伍的管理被提到议事日程，加快建立国际互认机制和中国工程师注册制度无疑是重要的基础工作之一。

2013 年中国人事科学研究院开展的《工程科技人才职业化和国际化研究》显示：有 65.2% 的受访工程技术人员认为国内工程师的技术水平远落后或者落后于发达国家同类人员水平；有 75% 的受访工程技术人员认为，我国应该积极"建立国际等效的工程师培养、开发制度"，"推动我国工程师的国际资格互认"；有 82.9% 的受访工程技术人员认为，应当学习借鉴国外经验在本行业建立认证工程师注册制度，其中有 7.6% 的受访者表示迫切需要在本行业建立工程师注册管理制度。

6. 促进工程师专业化发展和提升专业服务质量的需要

工程师作为专业技术人员中的重要群体之一，其资格认证体系是世界各国工程师制度的重要组成部分和关键环节。依据美国 O*NET 网站公布的职业资格目录清单统计，目前美国各州实施许可类工程师职业资格累计有 57 个，政府认可、全国通用认证类工程师职业资格有 106 个。从国际经验看，尽管长期存在对资格认证"是提高质量还是限制竞争"的争论，但并没有影响世界各国通过实行资格认证对特定的职业进行适度规制，以达到提升各类人才专业化发展、提高专业服务质量、优化人力资源配置以及保障消费者利益等目的①。

与发达国家 200 多年的实践探索相比，我国工程师职业资格无论在质量还是数量上都与国外存在较大差距。目前，由政府部门建立的职业资格有 6 项，共涉及 18 个职业，而其他各类工程技术人员依然采用现行职称评价办法。人科院研究成果和人科院 2014 年调查显示，有82.9% 的受访工程科技人员建议"应在本行业建立工程师注册制度"；60.3% 的受访工程技术人员认为，要推进工程师评价改革社会化，应"扩大评价范围，为社会各类工程技术人员提供服务"。研究借鉴发达国家工程师制度的做法经验，抓紧建立符合我国国情的工程师认证制度，推进工程技术人员专业化、国际化发展，提升技术创新和专业服务国际竞争力，是实施创新驱动发展战略和实施《中国制造 2025》的迫切需要和必然选择。

2.5　对创新我国专业技术人员评价制度的思考

经过 60 多年的发展，随着职称制度的改革和完善，我国已经完成了从专业技术职务任命，到专业技术职称评定、专业技术职务聘任，再到职业资格制度和专业技术职务聘任制并存的转变。在这一过程中，专业技术人员的能力得到肯定，工作积极性被很好地调动起来，为国家科技水平和工业实力的提升发挥了积极作用。但是，随着我国社会发展特别是社会主义市场经济以及经济全球化的快速发展，专业技术人员面临的工作环境开始发生重大转变，实现我国专业技术人员评价制度与国家经济社会发展水平相适应已经刻不容缓。

面向未来，我国专业技术人员评价制度，急需在以下层面做出调整。

在国家层面，把专业技术人员评价制度，尤其是工程师制度改革，

① 王沛民《研究与开发"专业学位"刍议》。

列为提高我国产业水平和创新能力的重要举措。李克强总理在十二届全国人大三次会议政府工作报告中提出"制定'互联网+'行动计划，推动移动互联网、云计算、大数据、物联网等与现代制造业结合，促进电子商务、工业互联网和互联网金融健康发展，引导互联网企业拓展国际市场"。国务院 2015 年 5 月发布的《中国制造 2025》提出分三步走，"到新中国成立 100 年时中国制造业大国地位更加巩固，综合实力进入世界制造强国前列"。由此传递的重要信息是：我国将告别重化工工业的国民经济结构，向高科技、节能、环保方向大步迈进；在未来中国经济发展中，信息化与制造业的融合是核心，学科融合将成为制造业发展的重要趋势，学科间的相互渗透和交叉将成为产生创新性成果的重要途径。为实现上述目标，优秀专业技术人员队伍建设是关键，对专业技术人员的素质和能力要求也将与过去有巨大差异，必须对以往重学历、重资历、重论著和地区间评价不统一的人才评价体系进行重大调整，构建以业绩为导向，由品德、知识、能力等要素构成的人才评价新体系。

在社会层面，把专业技术人员评价制度改革列为构建现代治理体系的重要部分。自 2013 年起，国家启动了新一轮"简政放权"，表明了政府创新国家治理方式、提高现代治理能力的决心。推动人才评价社会化已经列为国家治理体系和治理方式变革的重要组成部分，相关政府部门已经在人才管理"去行政化"方面有了具体行动。与此同时，经济社会的"新常态"发展也将释放出对高素质人才的巨大需求。因此，政府有责任在构建新的人才评价体系方面有更大作为，为社会提供公开、公平、公正、科学的专业技术人员评价新途径。

在个体层面，把专业技术人员评价制度改革列为高素质专业技术人员队伍建设的重要基础。国务院 2010 年 6 月颁布的《国家中长期人才发展规划纲要（2010—2020 年）》提出"到 2020 年，我国人才发展的总体目标是培养和造就规模宏大、结构优化、布局合理、素质优良的人才队伍，确立国家人才竞争比较优势，进入世界人才强国行列，为在本世纪中叶基本实现社会主义现代化奠定人才基础"，"适应社会主义现代化建设的需要，以提高专业水平和创新能力为核心，以高层次人才和紧缺人才为重点，打造一支宏大的高素质专业技术人员队伍。"高素质专业技术人员队伍建设是一个系统工程，包括学校教育、就业能力评价、岗位培养、知识更新、业绩表彰、能力认同和专业水平评价等，贯穿于专业技术人员职业生涯的全过程。建立以保障人才质量为核心的专业技术人员评价制度应作为这一系统工程的核心内容，并将对专业技术人员培养开发机制、评价发现机制、选拔任用机制、流动配置机制和激励保障机制的建立发挥重要作用。

以上研究表明，无论是从"问题导向"的角度，还是从"需求牵引"的角度，对现行职称制度进行深化改革，构建与国际接轨且具有中国特色的人才评价制度已是迫在眉睫的任务。对于专业技术人员，尤其是面向市场从事工程领域技术研发、产品开发和应用服务的工程师群体，其评价制度调整的基本原则应以调动其积极性和创造性为前提，以适应经济社会及人才发展需求为导向，以尊重人才成长规律为核心，评价制度调整的方向应当聚焦在以下方面。

1. 从创新驱动和国家治理现代化层面重新定位专业技术人员评价制度在人才制度中的地位

2016 年 3 月颁布的《国民经济和社会发展第十三个五年规划纲要》提出"把发展基点放在创新上，以科技创新为核心，以人才发展为支撑，推动科技创新与大众创业万众创新有机结合，塑造更多依靠创新驱动、更多发挥先发优势的引领型发展"。毋庸置疑，实现创新驱动的关键要素之一是高端创新型人才队伍的建设。因此，必须从更高层面设计、建构和运行职称制度，确立其在人才制度中的核心地位。以创新思路构建新型工程师制度。

新体系应实现以下目标：在功能定位上改变现行工程师制度过多承担应由人事管理制度发挥作用的职能状况，将技术资格与技术职务、工资、待遇脱钩；在体系上推动形成工程师从业教育、从业资格评定、继续教育的职业发展培育体系；在层级设置上减少层级设置，摒弃专业技术职务终身制；在工程师职业发展上要建立与国际互认接轨的有效机制；在综合管理上做好统筹规划，加强分类管理，科学界定职业资格和职称的分类，形成与职称、职业资格、职业准入等制度的有机联系，以推进中国工程师国际互认为契机，借鉴国际经验，完善专业技术人员注册制度，为建立一支国际化的专业技术人员队伍提供强有力的支撑。

2. 明确专业技术人员评价制度在社会化人才评价体系中的定位与作用

社会化人才评价体系应该是包括职称制度在内的各种评价活动并存的体系。从评价的实施主体看，有政府、社会团体（包括专业认证机构）以及企事业单位；从评价标准看，有国家标准、行业标准以及企事业单位标准；从评价结果的法律效力看，有具有行政许可性质的强制性评价（准入类），也有非行政许可性质的志愿性、推荐性评价（非准入类或专业水平评价类）。其中专业技术人员评价制度应是国家统一管理的，以专业技术人员学术水平和职业能力为主要评价内容的一项基本人才评价制度。

在我国，职称制度作为一个由国家实施的、基本的且已为广大专业技术人员所认可的评价制度，其主导地位和引领作用短时期不会改变。从长远发展看，随着我国市场经济体制进一步完善、服务型政府建设步伐逐步加快以及社会自治程度不断增强，职称制度的性质、功能和作用将发生重大调整，即在未来的社会化人才评价体系中，政府部门将由"公共产品"的直接提供者转变为评价活动的规划者、协调者、监督者和服务者（依法实施职业许可除外），同时由社会机构按照市场化形式，开展各类专业人才专业水平评价，在禁止与任何行政资源分配挂钩的前提下，由行业和市场的竞争及认可来自行调节。

为实现这一转变，应按国际通行标准对我国现存职业、专业、职务进行系统梳理，根据经济社会及人才发展趋势对一定时期内可能产生的新职业、专业、职务进行预测，并在此基础上对职称评定、职业许可和职业能力认证进行统筹规划。统筹规划的原则应该是：强化资格，淡化职称，避免两者间的重叠；减少职业许可，非许可类均应列入职业能力认证（专业水平评价）；制定国家职业资格（职称）管理清单。

理顺各评价体系的关键，一是取决于政府转移职能，实现社会化的力度和速度；二是取决于我国长期以来存在的"二元化"管理理念能否真正破除，实践中能否真正打破干部、工人的身份界限，真正实现专业职称与技能鉴定、工程技术人员与技能人才评价体系的贯通。

3. 从制度设计和体系重构入手，回归专业水平评价的本质功能

人科院 2014 年调查显示，65% 的受访科技工作者参加评职称的动因是为了"提高工资待遇"，89.1% 的受访科技工作者认为职称的作用主要体现在收入待遇上。显然，当前的职称制度过多地承担了应由其他人事管理制度承担的功能，为自身带来了许多难以解决的问题。由此，推进社会观念转变、彰显职称的导向与激励作用十分重要。

为此，在制度设计上，应从观念上根除职称与待遇挂钩，剥离附着在职称制度上的不合理功能，还其本质的评价功能。同时，应通过评价标准和方式的创新，树立人才评价重能力和业绩的正确导向，引导专业技术人员，特别是青年人才，用专业化的评价引导其获得能力提升，满足其专业归属、发展和社会交往、成就的需要，还应从完善制度入手，实现真正意义上的评聘分开。

从我国职称制度的发展历程看，"评聘分开、能上能下"是近三十年来职称制度设计的核心理念，其目的之一是让职称回归专业评价本质。但现实中我国用人制度改革的不同步，加上行业间、地区间和单位间的差异，使得评聘分开很难实现，职称与待遇直接挂钩的现实很难破除。因此，只有从宏观上完善制度设计，解决好职称制度与用人制度间的关系，才能从根本上剥离职称本不应承载的待遇功能。

在体系重构方面，应加快推动政府转移职能，以实现在职称评价上政府从直接管理、微观管理向间接管理、宏观管理的转变，实现操作层面的"去行政化"，顺应国家经济和社会改革的大方向，加快专业技术人员评价工作的社会化和国际化进程。与此同时，尽快明确社会团体在

专业技术人员评价中的主体地位，充分发挥其积极性和创造性，真正实现同行评价。

2016 年 3 月 21 日，中共中央印发了《关于深化人才发展体制机制改革的意见》（以下简称《意见》），明确提出要创新人才评价机制，突出品德、能力和业绩评价，改进人才评价考核方式，改革职称制度和职业资格制度。《意见》为我国构建符合未来发展需要的职称制度新体系指明了方向。

第三章 专业技术人员专业水平评价需求调查

2011 年 6 月 23 日，中央组织部、人社部发布的《专业技术人员队伍建设中长期规划（2010—2020 年）》提出：以深化职称制度改革为动力，实现对专业技术人员的科学评价。

为进一步深入了解企事业单位和专业技术人员对职称制度改革方向和推进专业水平评价工作的意见，探讨建立更加科学、合理和完善的专业水平评价工作体系，使全国学会专业技术人员专业水平评价工作更好地服务于国家经济发展大局、服务于专业技术人员的成长，中国汽车工程学会（以下简称"中汽学会"）于 2014 年 10 月在其会员中开展了相关问题的问卷调查。2015 年 8—11 月间，学会群组织中国科协所属 18 家全国学会（含工科、农科、医科），在其会员中再次组织了相关问题的调查。

本章是对两次调查结果的整理，客观反映了专业技术人员的认识和建议。

3.1 主要结论

两次调查的内容基本一致，其不同点在于：学会群的调查覆盖了多个行业，其调查结果反映了专业技术人员的认识和建议，中汽学会的调查则反映了一个特定行业专业技术人员的认识和建议。

两次调查得到的结论基本一致，对推动评审、评价体系和制度的改革具有重要的参考意义。

3.1.1 关于参加职称评审和专业水平评价的意愿和作用

所有受访者都认为参加职称评审或专业水平评价对个人发展十分重要，是体现自身专业水平和能力进而获得同行认可的重要途径，而期待通过评价获得升职加薪已经不是主要目的。比较而言，年龄在 30～40 岁的受访者和高学历者对通过评审或评价体现自身专业水平和能力的认同感更加强烈，且学历越高的受访者对这一点的认同度越高。

在学会群和中汽学会的调查中，分别有超过三成和两成的受访者没有参加过职称评审或专业水平评价，其中多数是 40 岁以下的年轻人，其中不乏本科和硕士者，近半数来自非公企业，未参加的最主要原因是申报途径不畅。

从未来参加水平评价的意愿看，多数受访者都有强烈的意愿，超过七成的受访者表示在条件成熟时会参加，其中年龄在 55 岁以下的人员和高学历者的意愿更高。在所有受访者中，即使条件成熟也不参加的只占不到一成。

上述结果同时表明了，专业水平评价的作用不仅表现在对个人能力的认可，在激励专业技术人员成长方面也有着不可替代的作用。

3.1.2 关于现行职称评审和专业水平评价的满足度

受访者对目前政府主导下的职称评审体系有一定的认可度，主要体现在其权威性、社会认可度和历史延续性。但仍有超过七成的受访者对现行职称制度不满意，存在的问题主要集中在：评价标准的不合理性；现实中存在诸多限制和论资排辈现象；评价结果的地区间等效性和国际可比性不强；职称评审程序的科学性和管理服务水平不高等。

绝大多数受访者都认为应该改革现行职称评审制度，并且对改革的重点方向给出了意见：

（1）修改和完善各系列、各专业的评价标准，突出对个人能力和业绩的评价；

（2）淡化政府管理，建立同行评价和社会评价机制，交由社会团体进行；

（3）随社会发展不断增加评价领域，并适时调整相应政策使评价更加符合实际；

（4）扩大评价对象范围，使其能为社会各类专业技术人员提供服务；

（5）推动实行职称评定和职务聘任分开的"双轨制"，即评聘分开。

社会团体所开展的专业水平评价工作，因其专业性和实效性优势得到受访者的认可。同时认为，全国学会是由科技工作者组成的社会团体，理应在同行认可体系建设方面有更大的作为。但从当前现实情况看，受退休待遇和社会认可度等因素的影响，仍有一定比例的受访者认为其无法满足他们的需求。为此，受访者认为，社会团体在专业水平评价体系建设方面应当加强以下方面的工作：

（1）发挥会员优势，强化服务意识，一切从被评价者角度出发，为其了解专业水平评价相关信息和申报提供最大限度的便利；

（2）保持和进一步发挥其专业优势，研究制定更为科学合理规范的评价标准和评价方式，优化评价流程，构建分行业、分领域、分层级的指标体系和评价程序；

（3）将专业水平评价工作与学术交流、继续教育、科技奖励等相关工作有机结合，构建助推专业技术人员职业成长的长效平台；

（4）在高质量开展评价工作的同时，加大宣传力度，提升学会专业水平评价工作的权威性、知名度和美誉度。

3.1.3 关于社会团体专业水平评价体系建设

受访者中多数是通过本单位申报职称评审或专业水平评价，只有不到两成的受访者是通过社会团体申报。同时，本单位人事部门仍然是受访者了解评审或评价相关信息的主要渠道。

对于如何评价一名专业技术人员的专业水平，受访者认为应当重点关注的是：工作业绩、能力素质、科研课题和科技成果，最应该取消的指标是计算机水平和外语水平。

调查发现，对于申请不同级别专业水平评价的人群，评价的关注点应有所不同。受访者认为：对于工作年限少于 5 年的人员，应主要从理论水平和解决实际问题能力方面考察其能力；对已拥有 5～10 年工作经验的人员，应主要从解决实际问题能力、团队组织和管理能力、其业绩对本单位发展的贡献等方面来考察其能力；对拥有 10 年以上工作经验的人员，应将其业绩对产业发展的贡献、团队组织和管理能力、职业品德列为重点考察内容。

从评价的方式看，多数受访者认为：在进行专业水平评价时，论文水平和参加技术培训/学术交流的要求不可没有，但应适度降低；对于初级和中级专业水平评价，应重点考察其专业技术能力和项目/课题经历；对于副高级和正高级专业水平评价，应重点考察项目/课题经历、专业技术能力和科研成果/奖项。

与上述观点形成呼应，不同年龄、学历和岗位的受访者均认为笔试并非专业水平评价的最佳方式，相对而言，年龄、学历偏低和岗位流动性大的人员更倾向于采用实操考试的方式；随着学历和年龄的增长，对答辩和审查材料方式的认可度也提升。由此叮以认为，在评价过程中一定程度地考虑申请者的同行认可度情况和采信同行推荐意见不失为一种有效的方式。

3.2　来自学会群的调查结果

问卷调查时间为 2015 年 8—11 月。

参与调查工作的全国学会有中国机械工程学会、中国汽车工程学会、中国电机工程学会、中国电工技术学会、中国制冷学会、中国仪器仪表学会、中国电子学会、中国计算机学会、中国公路学会、中国航空学会、中国兵工学会、中国腐蚀与防护学会、中国建筑学会、中国食品科学技术学会、中国电影电视学会、中国农学会、中国力学会和中国药学会等，共计 18 个全国学会。

课题组通过上述全国学会向他们所在行业的专业技术人员随机发放问卷。共回收问卷 2 608 份，有效问卷 2 476 份。样本具体情况如表 3-1 所示。

表 3-1 学会群问卷调查样本分布

性别	男	女	/			
	66.0%	34.0%				
年龄	25 岁及以下	26~30 岁	31~40 岁	41~50 岁	51 岁及以上	/
	8.5%	26.2%	33.8%	18.6%	12.9%	
学历	中专及以下	大专	本科	硕士	博士	/
	2.3%	8.6%	36.1%	32.0%	21.0%	
所在单位	大专院校	科研机构	国有、集体企业	非公企业	社会团体	其他
	30.7%	8.8%	25.1%	26.6%	3.5%	5.3%

课题组采用频率统计、交叉频率统计、描述统计等方法对获得的数据进行了详细分析，获得以下信息。

3.2.1 参加评审或评价的意愿分析

在所有受访者中，有 68.7% 的人参加过职称评审或专业水平评价（以下简称"持证者"），31.3% 的人没有参加过。

在未参加过职称评审或专业水平评价的人员中：从年龄看，主要集中在 26~40 岁，比例达到 69.9%（图 3-1）；从学历看，以本科学历和硕士学历最多，比例分别达到 36.7% 和 34.8%（图 3-2）；从所在单位看，45.5% 来自非公企业（图 3-3）。

对于未参加过职称评审或专业水平评价的原因，申报途径不畅（35.8%）是最主要原因，其次是认为评审结果没有用（25.4%）（图 3-4）。

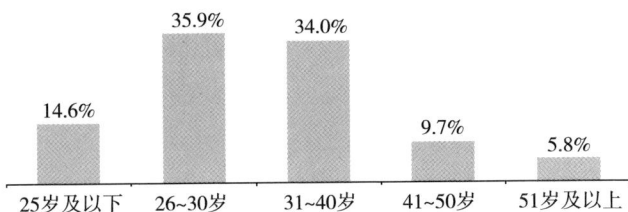

图 3 – 1　未参加过评审或评价者年龄分析

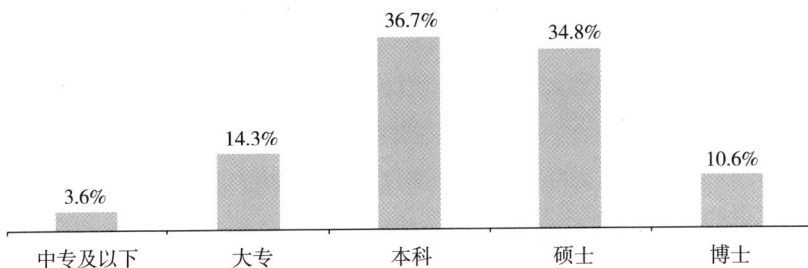

图 3 – 2　未参加过评审或评价者学历分析

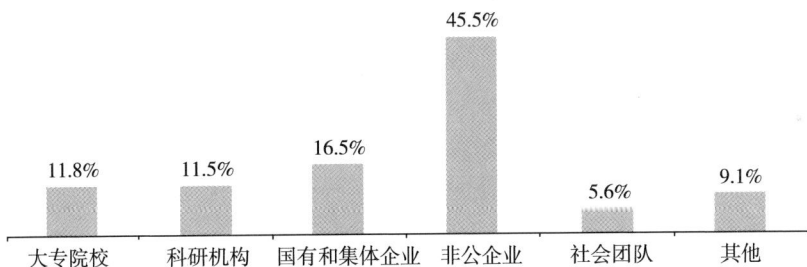

图 3 – 3　未参加过评审或评价者所在单位性质分析

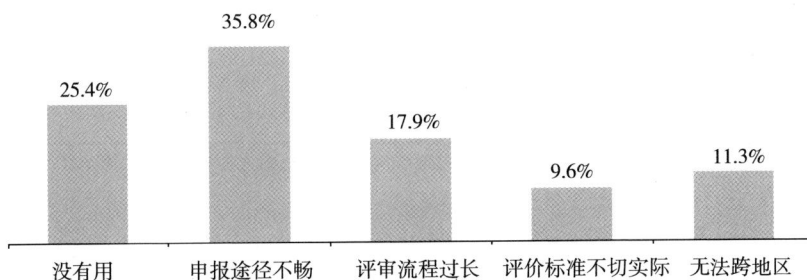

图 3 – 4　未参加评审或评价的原因分析

对未来是否有意愿参加职称评审或专业水平评价，74.2%的人希望在条件成熟时参加职称评审，即使条件成熟也不愿意参加职称评审的仅有8.7%（图3-5）。

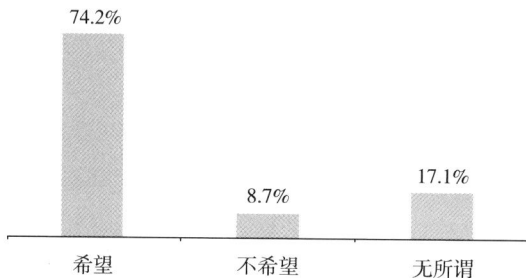

图 3-5　参加评审或评价的意愿分析

3.2.2　评审或评价对个人发展的作用分析

总体来看，受访者认为职称评审或专业水平评价对个人发展的重要作用主要集中在体现个人能力水平（47.0%）、获得同行认可和社会认可（42.1%）、提升自我职业发展空间（35.0%）方面；依照传统观念认为参加专业水平评价可以提高工资待遇（33.2%）和增加工作选择机会（17.0%）的相对较少（图3-6）。

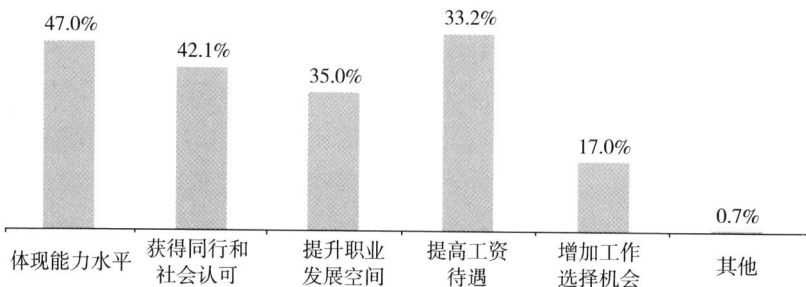

图 3-6　专业水平评价对个人发展的作用

通过年龄细分和学历细分发现（图3-7、图3-8），各个年龄段人群和不同学历人群均认为对自身专业水平的认可是职称评审或专业水平评价最重要的作用；31~40岁的人群相较其他年龄段人群更希望专业水平评价能在这一点上起到更重要的作用。相对来看，25岁以下人群更希望专业水平评价能在职位提升和提高待遇方面发挥作用。

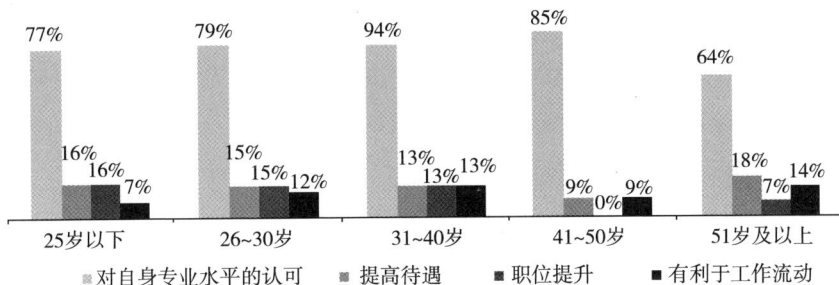

图3-7 专业水平评价对个人发展最重要的作用（按年龄细分）

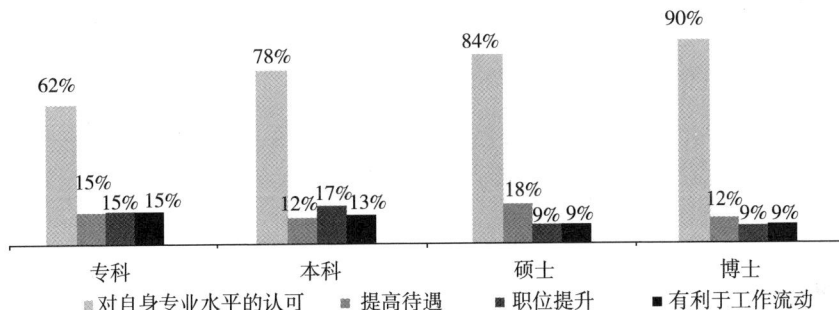

图3-8 专业水平评价对个人发展最重要的作用（按学历细分）

3.2.3 对现行职称制度的看法

总体来看，仅有8.6%的受访者对现行的职称评审政策十分了解，55.6%的受访者部分了解，35.9%的受访者不了解（图3-9）。

在受访者中，有70.8%的人对现行职称制度不满意，认为它的问题主要体现在：（1）职称评价偏重论文、学历的倾向没有根本改变；（2）现实中存在的论资排辈、能上不能下、干好干坏一个样等问题没有切实解决；（3）职称评价含金量不高，缺乏等效性和国际可比性；（4）职称评审程序烦琐，管理服务水平不高（表3-2）。

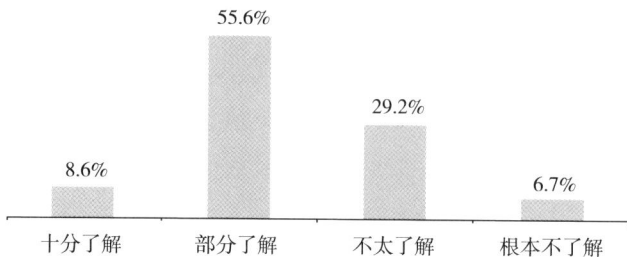

图 3－9　对现行职称评审政策了解情况

表 3－2　现行职称制度存在的问题

存在的问题	对存在问题表示认同的受访者占比
职称评价偏重论文、学历的倾向没有根本改变	54.4%
现实中存在的论资排辈、能上不能下、干好干坏一个样等问题没有切实解决	45.6%
职称评价含金量不高，缺乏等效性和国际可比性	40.8%
职称评审程序烦琐，管理服务水平不高	37.6%
职称评价标准缺乏分类分层，尤其是基层和应用实践型专业技术人员特点没有得到尊重和体现	23.49%
不适应多种所有制发展的需要，非公企业和社会团体职称评审难	20.4%
评委会的专业化和社会化程度不高，缺乏权威性和公信力	19.6%
自1986年以来职称目录没有适时调整，专利管理、科研辅助等专业技术人员没有对应的职称系列	11.0%
职称转系列的政策不完善	7.20%
其他	1.40%

90.0%的受访者认为，应该对现行职称制度进行改革，并且对改革的重点方向给出了意见：

（1）修改和完善各系列、各专业的评价标准，突出对个人能力和业绩的评价；

（2）建立同行评价和社会评价机制；

（3）淡化政府管理，交由社会团体进行；

（4）随社会发展不断增加评价领域，并适时调整相应政策使评价更加符合实际；

（5）扩大评价对象范围，使其能为社会各类专业技术人员提供服务；

（6）推动实行职称评定和职务聘任分开的"双轨制"，即评聘分开。

3.2.4 评审或评价申报途径分析

此次问卷调查的受访者中，有 68.7% 的人参加过职称评审或专业水平评价，对他们的申报途径进行分析后发现：（1）有 49.9% 的人是通过本单位来申报职称的，仅有 16.2% 的人通过行业组织申报职称（图 3-10）；（2）人们获取职称评审相关信息的主要来源也是本单位的人事部门（66.8%），其次是政府信息（11.1%）和朋友同事交流（10.4%），少数人是通过媒体获取信息的（6.2%）（图 3-11）。

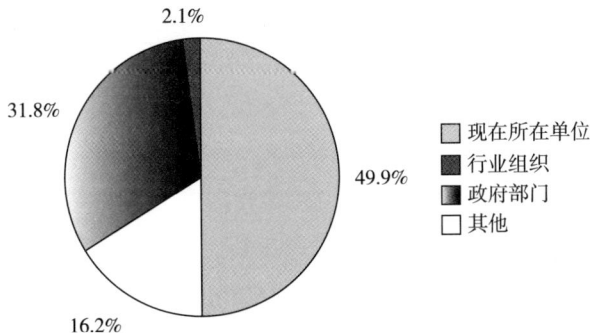

2.1%

31.8%

49.9%

16.2%

现在所在单位
行业组织
政府部门
其他

图 3-10 职称申报途径

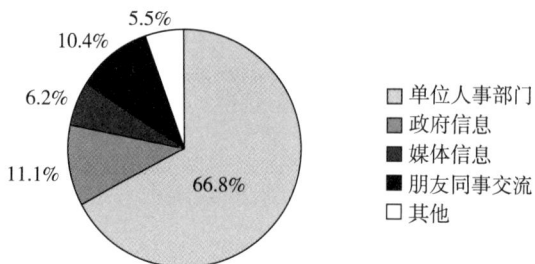

図 3 – 11　获取职称评审信息的途径

3.2.5　评审或评价要素取向分析

对参加过职称评审或专业水平评价的受访者进行调查发现（表 3 – 3），他们在参加职称评审或专业水平评价时最主要的评审或评价指标依次是论文著作（77.6%）、工作年限（62.3%）、科研课题和科技成果（62.0%）。

表 3 – 3　职称评审或专业水平评价的指标

评价指标	参加评审或评价时最被看重的指标	理想中的评价指标体系
论文著作	77.6%	27.1%
工作年限	62.3%	/
科研课题和科技成果	62.0%	35.7%
工作业绩	44.1%	49.0%
学历	30.0%	/
外语水平	15.5%	应当取消（4.1%）
能力素质	12.7%	43.2%
计算机水平	9.7%	应当取消（4.2%）
年度考核结果	8.3%	/
职业道德规范	7.9%	/
业内认可	2.7%	24.8%
社会贡献	2.4%	/

当问及理想的专业水平评价指标应该是什么时，受访者给出的答案是：工作业绩（49.0%）、能力素质（43.2%）、科研课题和科技成果（35.7%）、论文著作（27.1%）、业内认可（24.8%）；最应该取消的指标是计算机水平（4.2%）和外语水平（4.1%）。

当问及受访者"对不同工作年限专业技术人员应采用的能力评价要素"时，他们给出了如下答案（图3-12，图中数字为受访者中认同者的占比，下同）。

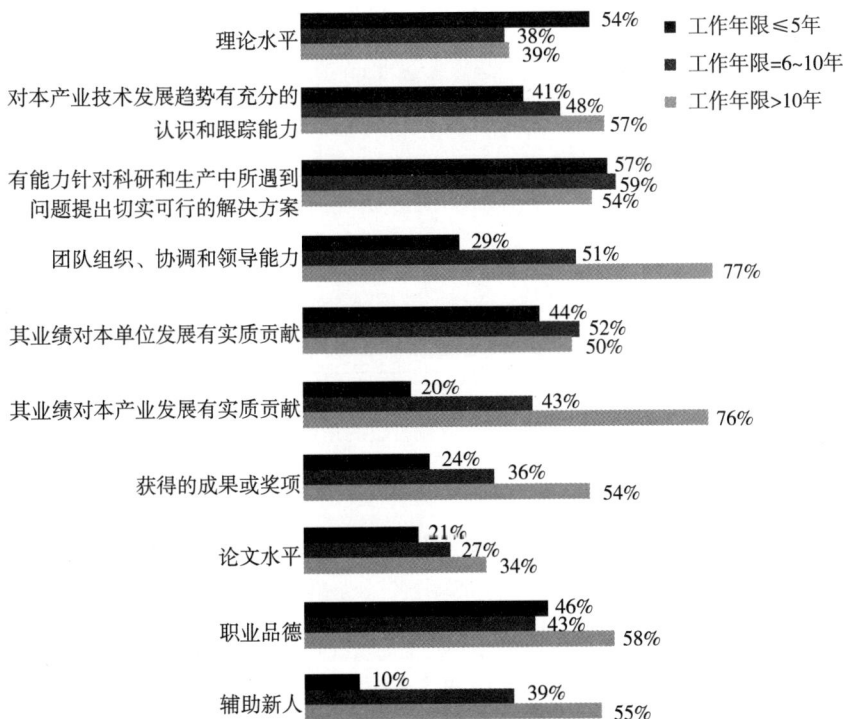

图3-12 不同工作年限人员专业水平评价要素取向

对于工作年限少于或等于5年的专业技术人员，考察其能力最重要的5个方面依次应当是：有能力针对科研和生产中所遇到问题提出切实可行的解决方案；理论水平；职业品德；其业绩对本单位发展有实质贡献；对本产业技术发展趋势有充分的认识和跟踪能力。

对于工作年限6~10年的专业技术人员，考察其能力最重要的5个方面依次应当是：有能力针对科研和生产中所遇到问题提出切实可行的解决方案；其业绩对本单位发展有实质贡献；团队组织、协调和领导能力；对本产业技术发展趋势有充分的认识和跟踪能力；职业品德。

对于工作年限 10 年以上的专业技术人员，考察其能力最重要的 5 个方面依次应当是：团队组织、协调和领导能力；其业绩对产业发展有实质贡献；职业品德；对本产业技术发展趋势有充分的认识和跟踪能力；辅助新人。

进一步分析还可发现：无论工作年限如何，"对本产业技术发展趋势有充分的认识和跟踪能力"和"职业品德"的重要性被受访者高度认同，均列入前 5 位；对于工作年限在 10 年以下的，"有能力针对科研和生产中所遇到问题提出切实可行的解决方案"被认为是最重要的；随着工作年限的增加，"团队组织、协调和领导能力""其业绩对产业发展有实质贡献"和"辅助新人"能力的重要性更加突出，而"理论水平"的重要性呈现下降趋势；以往职称评审中被十分看重的"获得的成果或奖项"和"论文水平"并未受到过多关注。

针对初级和中级工程师专业水平评价要素，问卷中设计了专业技术考核、参评论文、参加技术培训/学术交流、项目/课题经历四个要素，请受访者对其进行排序，排名第一为重要（赋值 4），第二为比较重要（赋值 3），第三为不太重要（赋值 2），第四为不重要（赋值 1）。

对赋值数据进行分析发现，受访者认为最重要的评价要素是专业技术考核，其次是项目/课题经历（图 3 - 13）。通过对年龄和学历细分的分析，得出与上述一致的结论（图 3 - 14、图 3 - 15）。

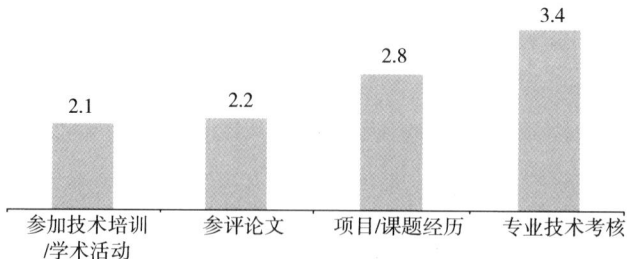

图 3 - 13　初级和中级专业水平评价要素取向（全部样本）

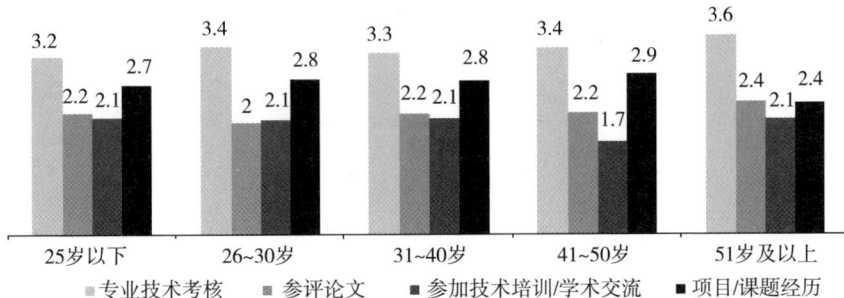

图 3-14 初级和中级专业水平评价要素取向（按年龄细分）

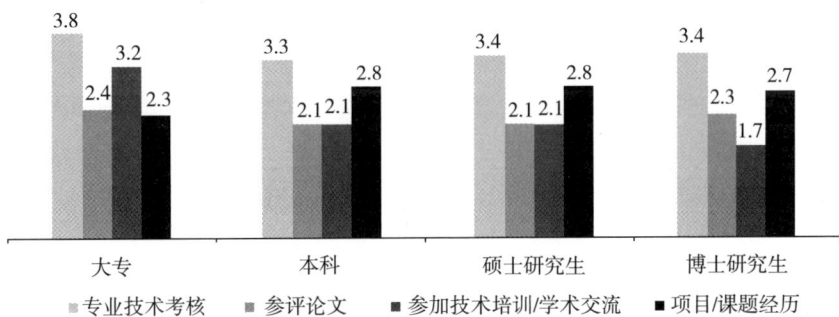

图 3-15 初级和中级专业水平评价要素取向（按学历细分）

针对副高级和正高级工程师专业水平评价要素，问卷中设计了专业技术考核、参评论文、参加技术培训/学术活动、项目/课题经历、科研成果或奖项五个要素，请受访者对其进行排序，排名第一为最重要（赋值5），第二为重要（赋值4），第三为比较重要（赋值3），第四为不太重要（赋值2），第五为不重要（赋值1）。

对赋值数据进行分析发现，受访者认为最重要的评价要素是项目/课题经历，其次是专业技术考核和科研成果/奖项（图3-16）。

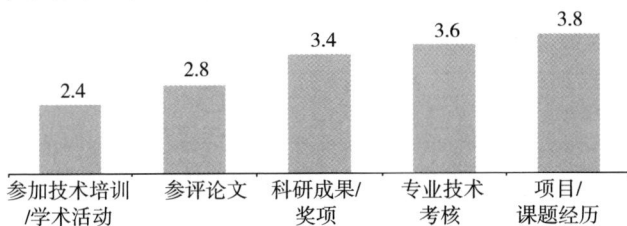

图 3-16 副高级和正高级专业水平评价要素取向

3.2.6 评审或评价方式取向分析

对参加过职称评审或专业水平评价的受访者调查发现，他们所经历的评价方式，正高级和副高级以评审为主，中级以考评结合为主，初级以考试为主（图3-17）。

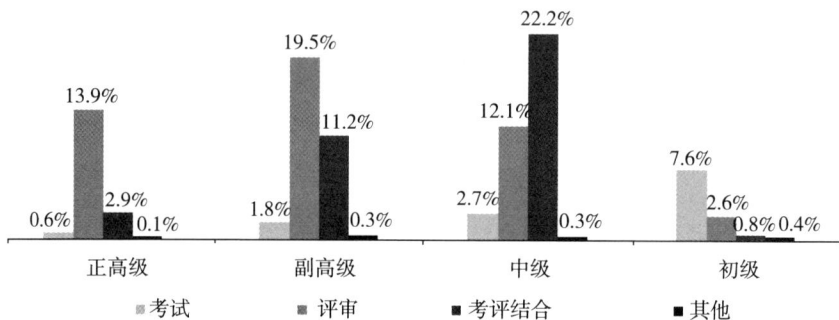

图3-17 持证者不同级别评审或评价所经历过的评价方式

针对采用哪种评价方式更合理，问卷设计了审查材料、笔试、实操考试和答辩四种方式，请受访者对其进行排序，排名第一为重要（赋值4），第二为比较重要（赋值3），第三为不太重要（赋值2），第四为不重要（赋值1）。

对所有受访者的总体赋值数据进行分析发现，受访者认为实操考试是比较重要的方式，审查材料和答辩次之，而笔试不太重要（图3-18）。

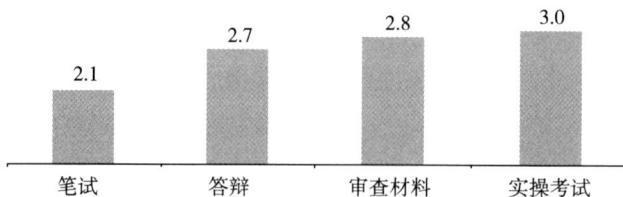

图3-18 评审及评价方式取向（全部样本）

通过年龄细分发现，30岁以下人群更倾向于以实操考试的方式进行专业水平评价，随着年龄的提高，对以审查材料方式和答辩方式的认可度提升（图 3 - 19）。

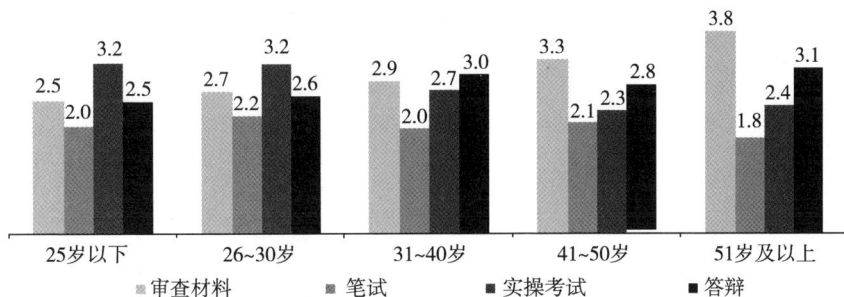

图 3 - 19　专业水平评价方式取向（按年龄细分）

通过学历细分发现，随着学历的提高，倾向于以答辩方式进行专业水平评价的增多，审查材料的方式得到大专和博士研究生的认可，笔试和实操考试的方式得到更多的本科和硕士研究生认可（图 3 - 20）。

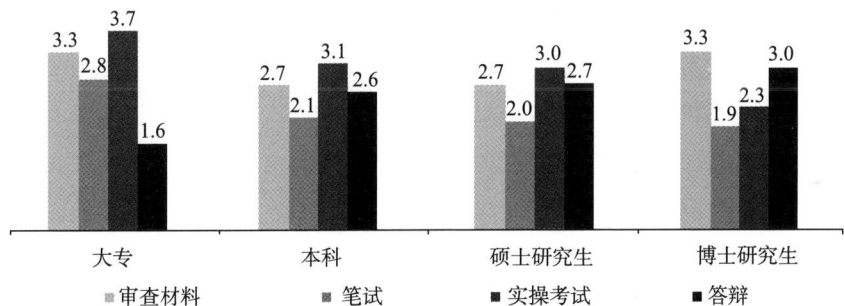

图 3 - 20　专业水平评价方式取向（按学历细分）

3.2.7　社会团体专业水平评价改进方向分析

问卷中对已持有社会团体专业水平评价证书的受访者进行调查（多选题），以了解他们对社会团体专业水平评价工作的改进建议。

通过调查发现，60% 的受访者希望在"提高用人单位对证书的认可度"方面有所改进，58% 的受访者希望在"组织学术交流"方面有所改进，35% 的受访者希望在"提高服务意识"方面有所改进，25% 的受访者希望在"组织培训活动"方面有所改进（图 3 - 21）。

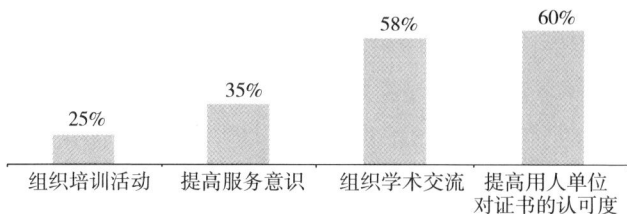

图3-21 社会团体专业水平评价工作需要改进方面

3.3 来自汽车行业的调查结果

在2014年10月22—24日召开的"中国汽车工程学会年会暨展览会"上，中国汽车工程学会向参会代表及参观展览专业观众共发放调查问卷2 000份，回收412份，有效问卷409份。样本具体情况如表3-4所示，课题组采用交叉分析法获得以下信息。

表3-4 中国汽车工程学会问卷调查样本分布

年龄	20~24岁	25~34岁	35~44岁	45~54岁	≥55岁
	14%	47%	20%	12%	7%
学历	大专	本科	硕士研究生	博士研究生	/
	3%	41%	40%	16%	
单位性质	合资或外商投资企业	民营企业	科研机构和高校	国有企业	/
	15%	16%	32%	37%	
单位主营业务	后市场	零部件制造	整车制造	/	
	6%	42%	52%		
岗位分布	学生	销售人员	教师	管理人员	技术人员
	5%	8%	13%	27%	47%
持证情况	未参加过	初级	中级	副高级	正高级
	22%	10%	34%	21%	13%
现有证书的颁发机构	政府部门	本单位	社会团体	其他	/
	48%	36%	14%	2%	

3.3.1 参加专业水平评价的意愿

总体来看，93%的受访者愿意参加全国学会的专业水平评价，另有7%的受访者不愿意参加，究其原因，排在前列的分别是全国学会水平评价的社会认可度低、不了解流程、自身资历不够、没有需求等。

从年龄分析发现（图3-22），44岁以下年龄段的受访者比其他年龄段有更高的意愿参加专业水平评价，这与这个年龄段的人群正处于事业的上升阶段、更渴望自己的能力被认可有密切关系；对于55岁及以上人群，由于没有职业的压力，参加专业水平评价的意愿相对较低。

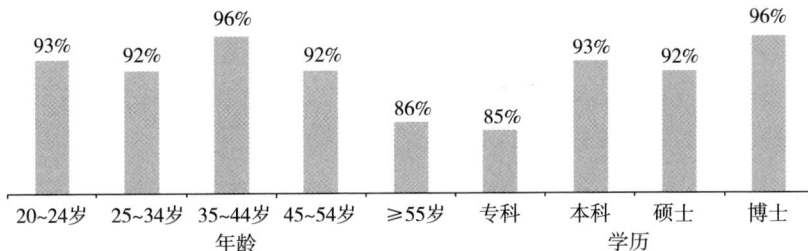

图3-22 参加专业水平评价意愿（按年龄和学历细分）

从学历分析发现（图3-22），随着学历的提高人们参加专业水平评价的意愿基本呈增长趋势，表明学历越高对得到社会认可和提高自身能力的欲望越高，同时也与高学历者的专业水平评价的门槛相对较低有一定关系。

从单位性质和主营业务分析发现（图3-23），与就职于非公企业、

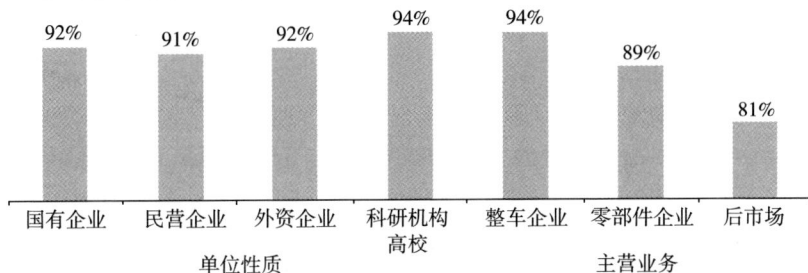

图3-23 参加专业水平评价意愿（按单位性质和主营业务细分）

零部件、后市场企业的职工相比较，就职于科研机构和高校、整车企业的职工参加专业水平评价的意愿更高，这与所在单位的文化、薪酬体制和工作稳定性有紧密关系。

3.3.2 专业水平评价对个人发展的作用

总体来看，绝大多数人对专业水平评价工作最看重的作用是对自身专业水平的认可（图3－24）。

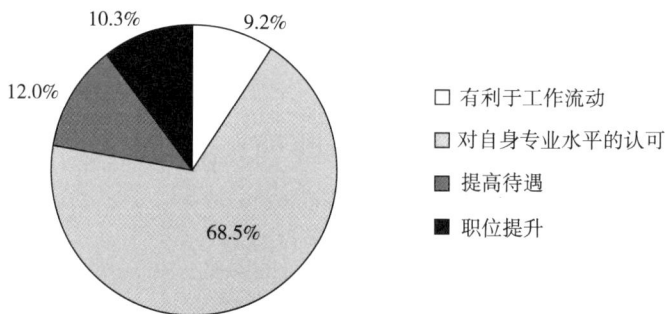

图3－24 专业水平评价对个人发展最重要的作用

从年龄分析发现（图3－25），各个年龄段人群均认为对自身专业水平的认可是专业水平评价最重要的作用，比较而言，35～44岁的人群对此的期待更加强烈，而20～24岁段的人群则不同，他们更希望专业水平评价能在职位提升和提高待遇方面发挥作用。

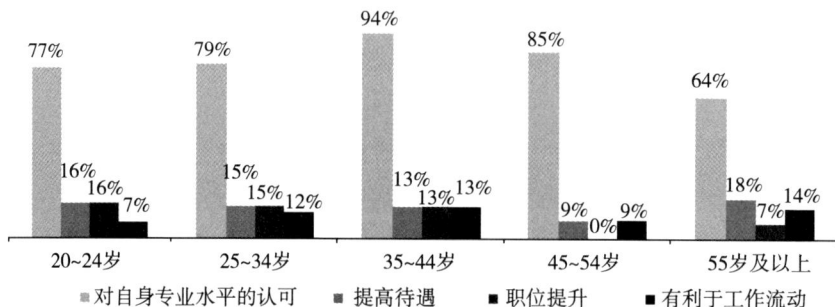

图3－25 专业水平评价对个人发展最重要的作用（按年龄细分）

从学历分析发现（图3－26），不同学历的人群均认为对自身专业水平的认可是专业水平评价最重要的作用，并且随着学历水平的提升，对这一点的认可度不断提高。

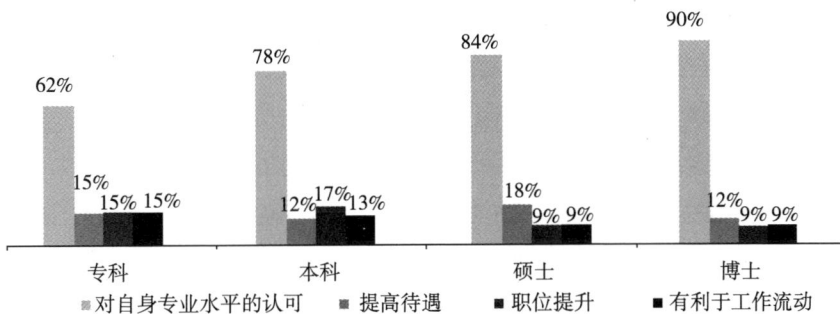

图3－26 专业水平评价对个人发展最重要的作用（按学历细分）

从所在单位分析发现（图3－27），不同类型单位的员工也均认为，对自身专业水平的认可是专业水平评价最重要的作用。所不同的是，国企、科研机构和高校的员工还希望专业水平评价能在提高待遇方面发挥作用，而整车企业和零部件企业员工对有助于提高待遇的期待更加强烈，外商投资企业员工则还希望专业水平评价能有利于职位的提升，民企员工还希望能对工作流动有所帮助。

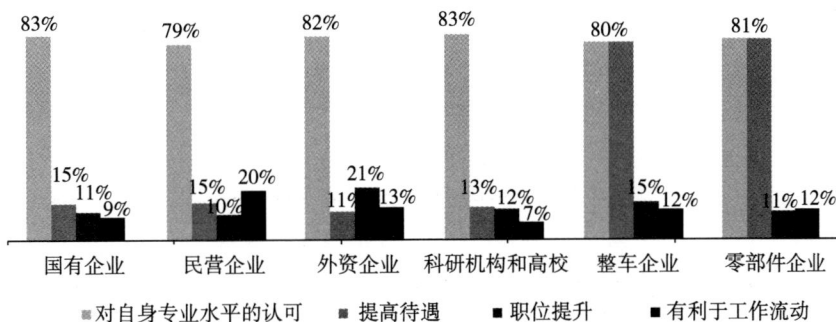

图3－27 专业水平评价对个人发展最重要的作用（按单位细分）

从岗位分析发现（图3－28），除了希望专业水平评价在自身专业水平认可方面发挥重要作用外，管理人员、营销人员和学生①对专业水平评价帮助其提高待遇方面的期待更高，技术人员和教师对专业水平评价帮助其提升职位的期待更高。

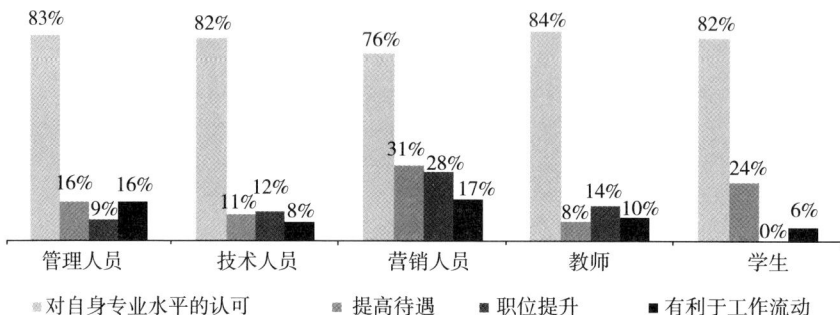

图3-28 专业水平评价对个人发展最重要的作用（按岗位细分）

3.3.3 对现有职称评审和专业水平评价的满足度和关注点

总体上，政府部门、本单位和社会团体均能够满足80%以上受访者的职称评审需求，其中社会团体的满足度最高，达到83%以上（图3-29）。

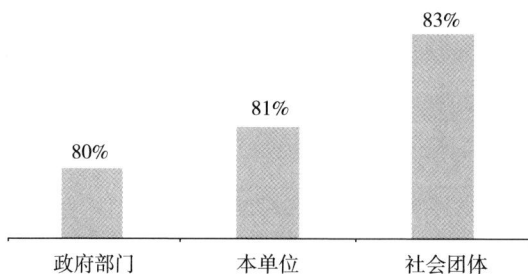

图3-29 对现有职称评审机构的满足度

从政府部门评价来看，80%的满足度得益于政府部门的职称评审体系的权威性、社会认可度高及历史的延续性。然而，仍然有20%的受访

---

① 特指已经完成大学或研究生学业、即将走上工作岗位的学生群体，可以申请见习工程师，因此也被列入调查对象。

者认为政府部门并不能满足其职称评审的需求，主要原因是：（1）职称评审的标准不能反映专业技能水平；（2）对申请者的限制太多，不符合要求的无法参加评审；（3）跨省市不互认。

从本单位评价来看，81%的满足度主要来自评价方法简单、评价流程清晰和能够及时得到评价结果。但受到其权威性和跨单位认可度等因素的影响，仍有19%的受访者认为不能满足他们的需要。

从社会团体评价来看，其专业性和时效性的优势是得到较高满足度的最重要原因，仍然有17%的受访者认为不能满足他们的需求，主要受到退休待遇和社会认可度等因素的影响。

关于政府部门职称评审体系该如何改进，调查问卷结合目前政府部门职称评审体系的特征，给出了工程实践能力、专业划分、评审流程、评价标准和终身制五个选项，供受访者选择（多选，图3-30）。

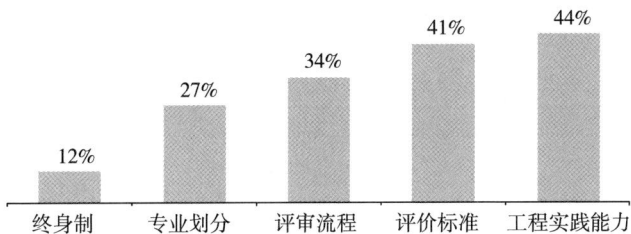

图3-30 政府部门组织的职称评审体系需要改进的方面

受访者认为最需要改进的三个方面是工程实践能力、评价标准和评审流程。这些数据说明，受访者希望在进行职称评审时，能够更多地关注对工程实践能力的考察，评价标准能够更加符合不同岗位从业者的实际状况，评审流程能够更加科学和体现公平。

上述结果与图3-29形成呼应，社会团体所开展的专业水平评价工作，正是由于将工程实践能力作为评价申请者专业水平的最重要方面，因而让受访者获得了更高的满足度。

但无疑，社会团体的专业技术人员专业水平评价工作仍然有许多需要改进之处，为此在问卷调查中专门设计了听取已持有全国学会颁发证书者改进建议的内容（多选题）。调查发现（图3-31），受访者希望在

"提高用人单位对证书的认可度""组织学术交流"方面改进的迫切程度远远高于其他方面，这将成为全国学会专业水平评价工作改进的重要方向。

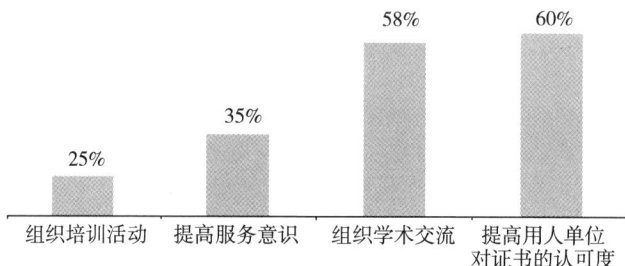

图 3-31　全国学会专业技术人员专业水平评价工作需要改进的方面

3.3.4　对全国学会专业水平评价工作关注点的分析

受访者究竟希望从社会团体的专业水平评价工作中，尤其是全国学会的专业水平评价工作中获得哪些方面的满足，问卷调查给出了进一步的答案（图 3-32）。显然，受访者希望全国学会开展的专业水平评价工作能够有利于提升个人专业水平、得到国内同行认可和获得国际的同行认可，对是否有利于工作流动（"跳槽"）和职位提升的关注度被排在了末尾。

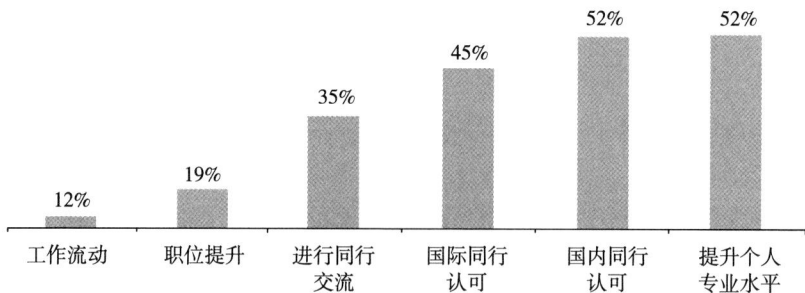

图 3-32　专业水平评价工作的关注点（全部样本）

从年龄分析发现（图 3-33），34 岁及以下人群更关注的是专业水平评价能否提升个人专业水平、是否能够获得同行的认可，符合刚进入社会人群的心态；35~44 岁人群更关注学会组织的专业水平评价工作是否获得国内同行认可，这一部分人群处于事业的上升阶段，更希望能得到同行的认可和肯定；45 岁以上人群还希望学会组织的专业水平评价工作是国际互认的，能够得到国际同行的认可，因为这一部分人群参加国际活动的机会较多，国际同行的认可对他们工作的开展有积极的推动作用，也意味着在更高和更广泛学术层面得到认可。

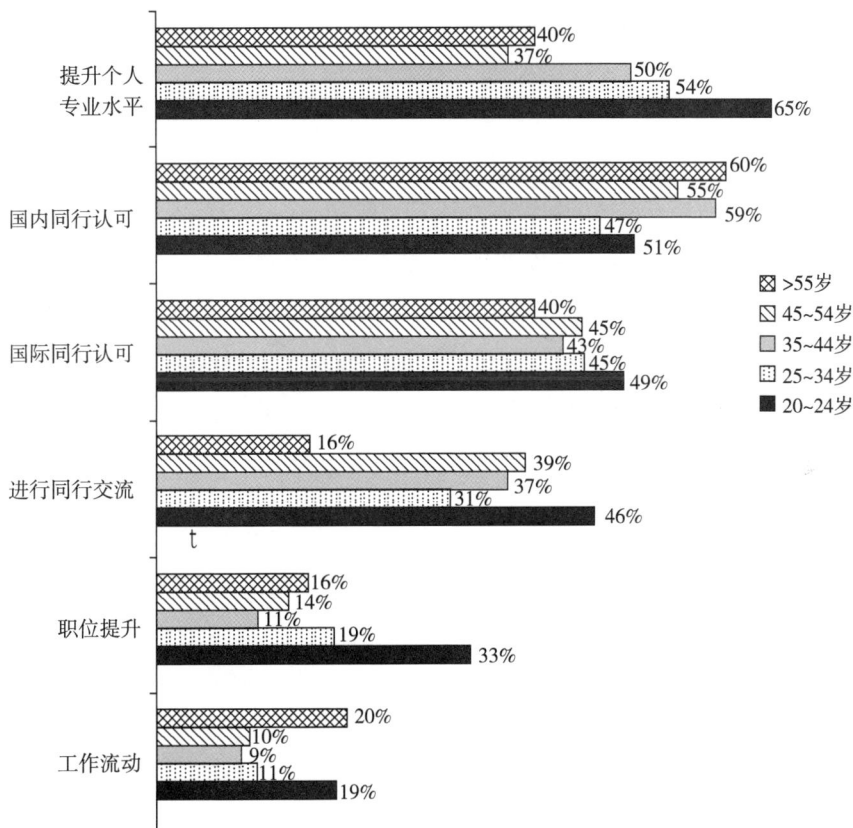

图 3-33 专业水平评价工作的关注点（按年龄细分）

从人员的岗位分析发现（图 3-34），管理人员和教师更关注能否获得同行认可（国内、国际），技术人员和营销人员更关注是否有利于专业水平的提升，而学生对各个方面的关注度都高于其他岗位人员，评审或评价工作对他们的重要性不言而喻。

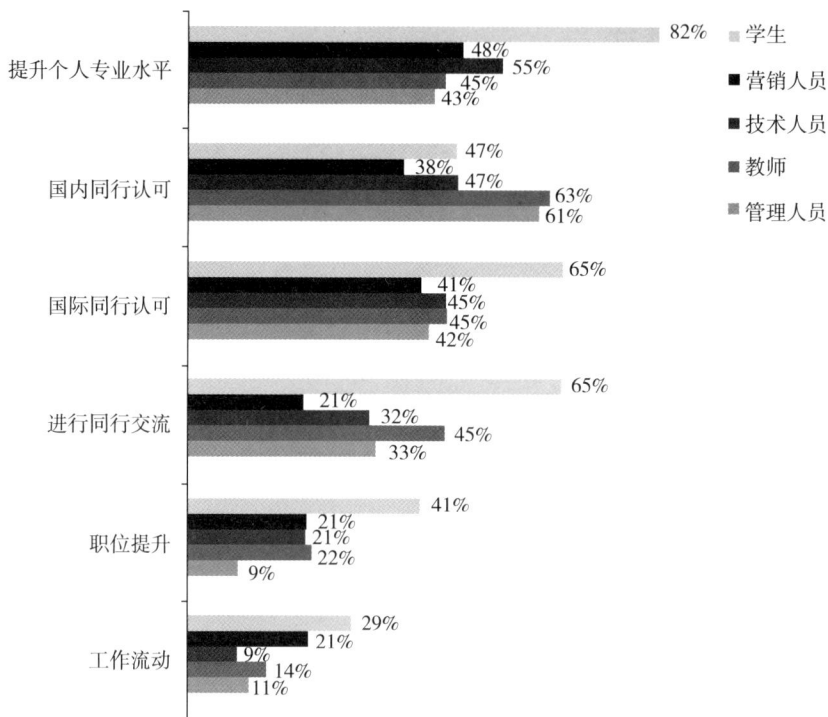

图 3 - 34　专业水平评价工作的关注点（按岗位细分）

从已有职称人员的角度分析发现（图 3 - 35），高级职称人员关注同行（国内、国际）认可、同行交流，中级职称和初级职称人员关注提升个人专业水平和国内同行认可，并且随着职称的提升对是否可以得到同行认可的关注度也不断提高。

3.3.5　专业水平评价要素取向分析

鉴于对高级别（正高级、副高级）专业人员和低级别专业人员能力要求存在明显的不同，问卷调查中给出了对高级别人员的 5 项评价因素，对低级别（初级和中级）人员给出了 4 项评价要求，请受访者给出他们的意见。

初级和中级专业水平评价要素主要包括：专业技术考核、论文水

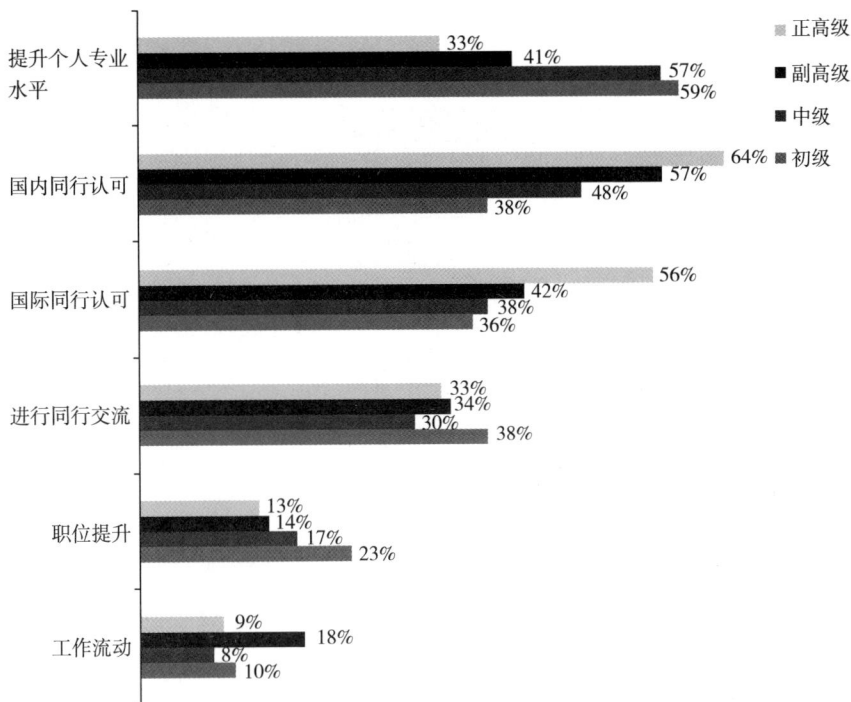

图3-35 专业水平评价工作的关注点（按专业水平级别细分）

平、参加技术培训/学术交流、项目/课题经历等4项，请受访者对其进行排序，排名第一为重要（赋值4），第二为比较重要（赋值3），第三为不太重要（赋值2），第四为不重要（赋值1）。

对赋值数据进行分析发现，受访者认为，对体现初级和中级工程师专业水平比较重要的评定要素是专业技术考核，其次是参与项目/课题的经历，论文水平、参加技术培训/学术交流对体现初、中级工程师的专业水平一般重要（图3-36）。

通过对年龄、学历和岗位细分人群的分析，能够得到与上述一致的结论（图3-37，图3-38，图3-39）。所不同的是：学生把专业技术考核和项目/课题经历放在了同等重要的位置，而专科学历人员则认为项目/课题经历并非衡量申请者水平的最重要因素；技术人员认为参加技术培训/学术交流的重要性高于参评论文水平，而55岁以上人员和博士学历人员则对此持相反态度。

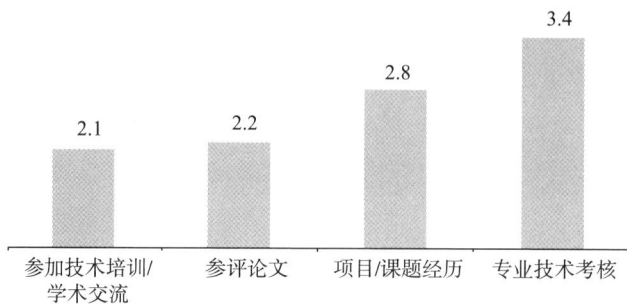

图 3－36　初级和中级专业水平评价要素取向（全部样本）

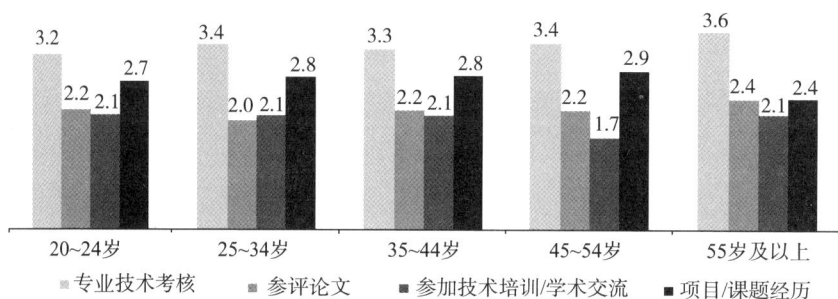

图 3－37　初级和中级专业水平评价要素取向（按年龄细分）

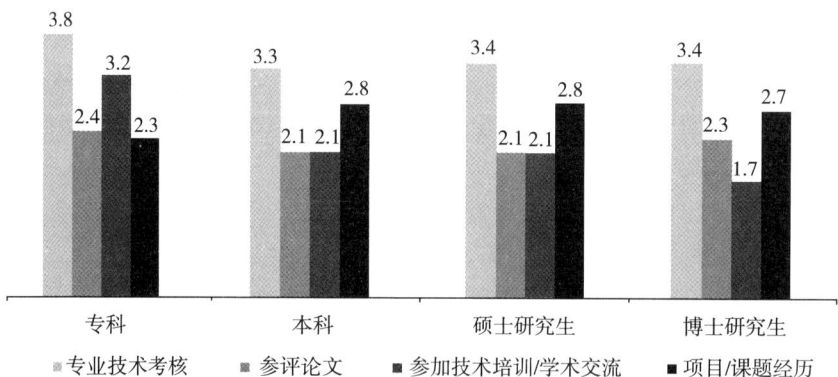

图 3－38　初级和中级专业水平评价要素取向（按学历细分）

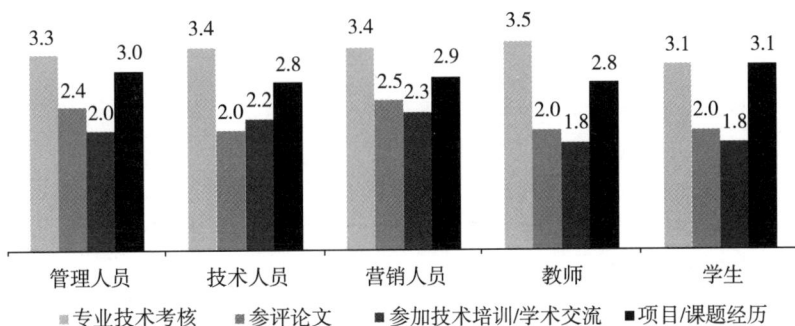

图 3 - 39　初级和中级专业水平评价要素取向（按岗位细分）

　　副高级和正高级专业水平评价要素主要包括：专业技术考核、参评论文、参加技术培训/学术交流、项目/课题经历、获得科研成果或奖项等 5 项，请受访者对其进行排序，排名第一为重要（赋值 4），第二为比较重要（赋值 3），第三为不太重要（赋值 2），第四为不重要（赋值 1）。

　　对赋值数据进行分析发现（图 3 - 40），受访者认为，对体现副高级、正高级工程师专业水平最重要的评定要素是参加项目/课题经历、专业技术考核和科研成果或奖项。

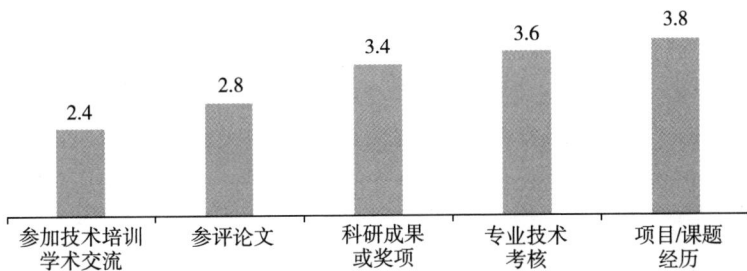

图 3 - 40　副高级和正高级专业水平评价要素取向（全部样本）

3.3.6　专业技术人员专业水平评价方式分析

　　此题设置为对评价方式按照重要性进行排序，专业水平评价方式依次是审查材料、笔试、实操考试、论文答辩，受访者对其进行排序，排名第一为重要（赋值4），第二为比较重要（赋值3），第三为不太重要（赋值2），第四为不重要（赋值1）。

对赋值后数据进行分析发现（图3-41），从总体来看，受访者认为实操考试是专业技术人员专业水平评价比较重要的方式，审查材料和答辩次之，而笔试不太重要。

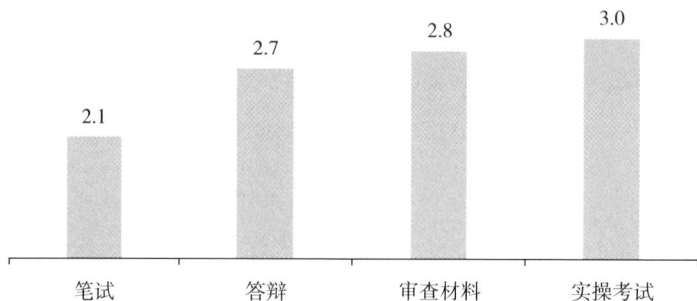

图3-41 专业水平评价方式取向（全部样本）

对受访者按照年龄、学历、岗位进行细分后发现（图3-42，图3-43，图3-44），不同人群均认为笔试并非专业水平评价的最有效方式，但对其他方式表现出一定的离散性。相对而言，年龄偏低、学历偏低人员和营销人员更倾向于以实操考试的方式进行评价，而随着学历和年龄的增长，对答辩和审查材料方式的认可度提升。这一结论告诉我们，在进行专业水平评价时，对不同级别应当采用不同的评价方式。

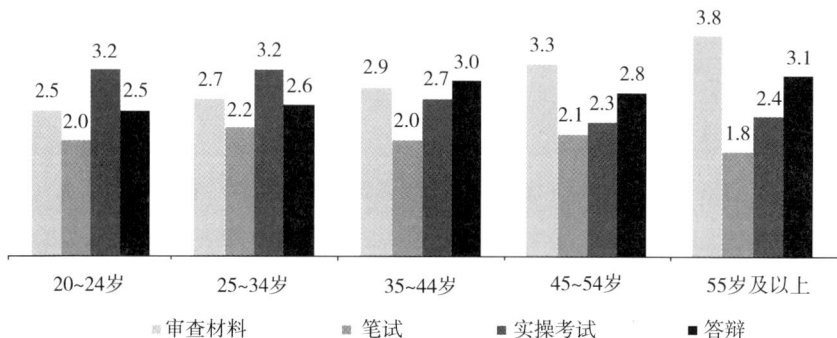

图3-42 专业水平评价方式取向（按年龄细分）

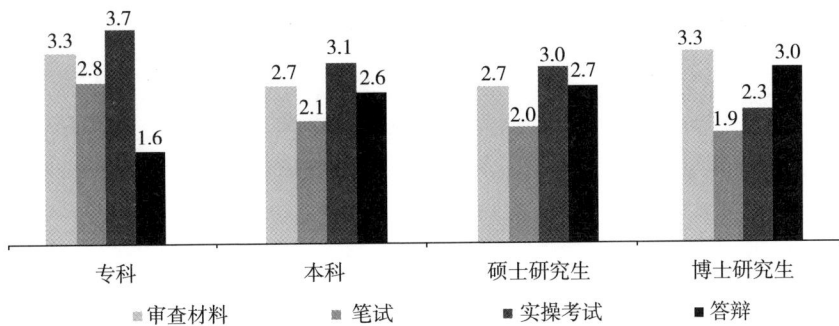

图 3 – 43　专业水平评价方式取向（按学历细分）

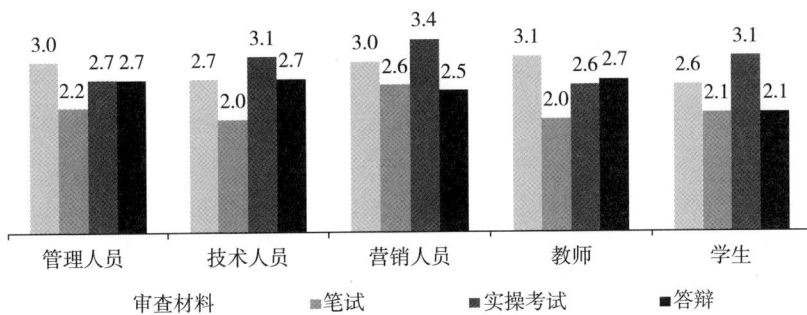

图 3 – 44　专业水平评价方式取向（按岗位细分）

第四章 人才培养体系对工程技术人员职业成长的影响

　　在工程技术人员的职业生涯中，"学习""实干"与"成长"相伴相随，在受教育阶段所获得的专业知识，将决定其进入社会后的岗位适应能力和职业发展潜力，而在进入工作岗位后不同阶段获得的各种机会，将直接影响到工程技术人员的职业发展成就。从这一意义上，工程师基本素质和能力的形成，需要工程教育体系改革和工程师成长机制创新的共同支撑。在这里，我们将企业为其职业成长提供的岗位机会、激励政策和企业、社会共同为其职业发展提供的继续教育机会统称为"企业人才成长机制"。

　　本章通过对工程技术人员职业特点的国内外比较分析和对用人企业的深度调研，分析工程教育改革和企业人才成长机制优化对工程技术人员职业成长的影响，并提出创新我国人才培养体系的措施建议。

4.1　国内外工程教育改革的进程和发展

4.1.1　美国的工程教育改革

　　自 18 世纪产业革命以来，受到工业化进程的影响，工程人才的视野被局限在科学技术的范围之内，科学与人文、工程与其所处环境被割裂开来，工程作为系统的本来含义被异化。进入 20 世纪 90 年代，这一概念受到质疑，越来越多的人认识到，工程教育不仅应该让学生学习一些工程科学的知识和理论，还应让他们接触到更大规模复杂系统的分析和管理，包括在更大范围内对经济、社会政治和技术系统的了解。

在这一背景下，以美国麻省理工学院为代表，拉开了工程教育改革的序幕，其核心是强调工程教育要体现知识的集成化、学科交叉、工程技术与经济的紧密结合。麻省理工学院为此采取的行动包括以下方面。

其一，本科课程体系、结构和内容的改革，包括重视工程实践训练，重视综合素质和能力的培养，重视社会人文、经济、环保等方面知识的作用。

其二，教育方法的改革，从过去的"以教师为中心，使学生知道了什么"的传统观念，转变成"以学生为中心，让学生用得怎样"的新观念。

其三，专业学科的改革，许多大学根据自身条件以及社会需要采用各种方式积极推进"学科交叉计划"。既不打乱原有的工程教育体系，又能灵活适应变化中涌现的新需求；既促进了传统型专业的提升与改造，又为逐步形成新专业创造了条件。

其四，培养模式的改革，美国工程教育委员会归纳出的本科教育可考虑有：四年制通用工程学位（毕业后就可参加工作）、三年或四年的预工程以准备进入硕士学位学习、四年或五年的学科交叉学位、五年制学士学位。研究生教育可考虑有：工程导向型硕士、学士/硕士连贯、工程导向型博士、研究导向型博士学位等。

其五，重视教师队伍的建设：重视制定评估教员工作质量的新标准，调整职位提升与奖励机制；更多地用各种灵活多样的方法聘请有丰富工程经验的工程师来校教学，指导学生；积极推动教学改革，鼓励科研与教学结合；与企业建立持久而有效的合作机制。

其六，提高工科学生的入学水平：提高中学生的数学与科学水平；激发中学生投身工程的志趣和爱好。

其七，关注工程师的继续再教育，大学与企业密切合作，采用多样方式积极参与工程再教育，反过来对工程教育改革与提高也会产生积极影响。

上述改革，加强了工程教育的跨学科性、系统化和实践性，对提升学生的工程技术、工程思维、工程文化和工程设计能力发挥了重要作用。

4.1.2 德国的工程教育改革

德国在 20 世纪 90 年代之前就已经建立起以追求培养高素质工程师为本的高等工科教育体系，基本特征是：高等工程教育办学类别特征是研究型与应用型结合，德国高等工程教育体系可以划分为理工科大学和应用技术大学；高等工程教育办学形式特征是产与学相结合、产学双方人员的交流和每学期进行企业实践活动；高等工程教育课程体系特征是理论与实践相结合，课程体系一般分为基础学习阶段和专业学习阶段，其中专业学习阶段又包含了实践环节。重视实践环节培养出的工程师不仅有扎实的理论功底，同时也兼备熟练与高起点的技术执行能力；高等工程教育师资队伍特征是教师与工程师相结合。

显然，不同于美国，这一时期的德国工程教育体系已经在崇尚理论实践结合、强调培养过程的实践性方面具有了鲜明的特征。但同时，德国也深刻意识到经济全球化和经济一体化对未来工程师能力、素质要求的影响和对德国工程教育体系可能带来的冲击，与美国几乎同步启动了高等工程教育改革，其重点放在了以下方面。

一是高等工程教育的国际化，通过社会民间渠道大幅度扩大了国际学生的招生数量，建立了与国际接轨的学位体系，提高了工程学位的国际兼容性；

二是高等工程教育的综合化，在课程中增加了社会学、管理学等非技术课程，新设立了学科交叉专业。

三是工程教育的实践性，重点是进一步强化企业参与工程教育的深度，包括企业实习、以项目形式开展的课程设计和毕业设计、合作式的专题讨论会等，甚至在一些专业学院出现了将高校和企业两个学习场所结合在一起的"二元制"专业。

上述手段无疑进一步提高了德国工程专业毕业生解决实际工程问题的"应用能力"和解决复杂工程问题的"社会能力",也为进一步确立德国工程师的国际地位发挥了重要作用。

4.1.3 日本的工程教育改革

第二次世界大战后,为快速振兴经济,日本采取了拿来主义和赶超型的以工业发展为主体、经济发展为中心的各项经济发展战略。与之相呼应,采取了重点培养技术开发型、应用型人才的教育发展战略。这一战略无疑是成功的,对日本20世纪60年代的经济发展起到了重要作用。

20世纪90年代,日本进入经济发展的低迷期,其高等工程教育的封闭性和效率低下受到诟病,对培养具备健全人格的工程技术人员的再认识和重构培养体系的呼声日益高涨。在此背景下,日本的工程教育改革被提上日程,提出了培养学生"具现力"(即将所学知识以一定的形式具体表现出来的能力)的口号,包括创造力、实践能力、沟通力和体力,并增加了以伦理为核心的人文类课程。为鼓励不同学校办出特色,提高竞争力,大学办学的自主性也随之得到发展。与此同时,日本也开启了工程教育国际化进程,借助工程教育认证的渠道,帮助本国学生打开进入其他国家高校学习的大门,吸引优秀留学生进入日本的高校学习。

这些改革让日本高等工程教育体系出现了许多变化,包括重视不同层次类型的工程教育与工程型人才的培养,重视多学科交叉的综合化课程教育,重视理论课程学习,重视工程实践平台与基地建设,重视教育的系统性和开放性。

对不同层次人员的培养,本科工程教育及其人才培养模式与研究生工程教育存在诸多不同之处,自然科学的基础课程以及实践性课程学分上升,教学重心亦由主干专业转向数学、物理、化学和实验课程。鼓励高校通过开展国际化课程、互派教师与留学生、合作教学与研究等多种形式不断加强"异国文化理解力教育",致力于提升教师与学生的国际化素质,国际化人才培养现已成为日本本科工程教育的一个重要特色。

专科工程教育突出了专业及课程设置的灵活性与实践性，高专十分重视产学协作和共同教育。此外，产学协作的共同教育要求产业部门和教育部门紧密合作，制定人才培养方案。最后，工业高专重视"双师型"师资队伍建设。

日本高等工程教育改革给我们提供的重要启示是：应根据社会需求开展不同层次类型的工程教育；专业设置应主动适应现代和未来工程的发展需要；应以产学协作推动工程教育的发展；应从制度甚至法律层面保障工程教育的实施。

4.1.4 中国的工程教育改革

显然，一个国家工程教育体系有着强烈的国家背景，与其工业化发展进程有关，更与这个国家的经济发展水平和目标有关。因此，国家的工程教育体系改革，所体现的是这个国家在未来全球经济格局中所要寻求的战略地位。

调研发现，目前企业普遍对我国工程教育培养质量持保留态度，存在的主要问题包括：①知识老化和思想观念落后，不适应当前科学技术加速更新的要求；②毕业生基本能力与企业的需求有较大差距，缺乏创新意识；③毕业生知识面仍显狭窄，停留在单纯技术型工程教育层面上，对非技术能力的培养重视不够。对于造成这一状况的原因，被调查企业认为主要是：工程技术人员培养结构体系不完善，教学内容陈旧落后；在校期间受到的工程训练不足，学术实践机会不多，训练不够；培养过程中与企业联系不够紧密，对市场需求缺乏前瞻性考虑。

当前，我国高校工程教育发展正处于一个特殊的历史时期，一方面国家尚在实现工业化的进程中，另一方面又同时步入了"以信息化带动工业化、工业化促进信息化的新型工业化道路"，面临着资源、环境、安全和产业结构调整、自主创新能力提升等一系列严峻问题的挑战。完成创新型国家的建设目标，不仅需要大批具有社会责任、实践能力、创新精神、全球视野、人文情怀、开放合作的专业人才，更需要高等工程教育在思想理念、培养模式、评价体系、体制机制等方面深入改革。

从另一角度，截至 2013 年 8 月①，我国有 14 000 多个工程教育专业布点数，占高等学校专业总布点数的 1/3，工程专业类在校生超过 400 万人，占全国本科在校生总数的 1/3，毕业生超过 100 万人，占全国本科毕业生总数的 1/3。我们有理由相信，未来随着新兴学科和交叉学科的发展，这些数字会进一步扩大，包括专业数量和在校生数量，这足以说明工程教育改革的重要性和战略意义。

2005 年，我国启动了工程教育认证试点工作，以此为标志，中国工程教育改革进入快车道。为此，中国科协所属中国工程教育认证协会（CEEAA）制定了我国专业认证通用标准，在学生、培养目标、毕业要求、持续改进、课程体系、师资队伍和支持条件七个方面与国际标准紧密对接，各专业领域提出了对本专业领域工程技术人才要求的补充标准，反映了各种层次和类型的工程人才在知识、能力和素质方面具备的竞争优势和发展潜力，鼓励不同类型和不同服务面向的学校发挥办学优势和人才培养特色。

截至 2016 年年底，全国已经有 40 个专业启动了工程教育认证工作，114 所高校的相关专业通过了认证。此项工作的顺利推进，无疑将有利于提高我国工程教育的国际影响力，加快构建我国工程教育质量监控体系的进程，建立与工程师注册制度相衔接的工程教育专业认证体系，形成工程教育与企业的联系机制，增强工程教育人才培养对产业发展的适应性。2016 年 6 月，中国科协代表我国正式加入《华盛顿协议》，标志着通过 CEEAA 认证的中国大陆工程专业本科学位将得到美、英、澳等所有该协议正式成员的承认，对中国工程技术人才培养和中国工程师走向世界具有重要的历史意义。

同时，为加快推进我国工程教育改革，2010 年，教育部启动了"卓越工程师教育培养计划"，其主要任务是探索建立高校与行业企业联合培养人才的新机制，创新工程教育人才培养模式，建设高水平工程

---

① 吴岩《意义重大　责任重大》，中国工程教育专业认证协会网站，2013 年 8 月 21 日，http://www.ceeaa.org.cn/main! newsView.action? menuID = 01010401&ID = 1000000652。

教育教师队伍，扩大工程教育的对外开放。截至 2014 年 10 月①，全国已有 208 所高校的 1 257 个本科专业点、514 个研究生层次学科点按"卓越计划"进行改革试点，计划覆盖在校生约 13 万人。21 个行业部门和 7 个行业协会共同参与了这一计划的实施，共有 6 155 家企业与高校签约参与人才培养工作，高校累计投入专项经费约 22 亿元，签约企业投入经费约 4.2 亿元。

4.2　我国企业人才成长机制的建立与发展

为配合本次研究工作，课题组先后以走访、座谈和问卷调查等方式，对地方科协、全国学会、地方学会、典型企业进行了调研，与华为、中兴、腾讯、永兴元科技、泰山体育产业集团、山东双一科技等具有代表性的企业和产量排名前位的骨干汽车企业进行了座谈交流，听取他们对我国人才成长机制状况的分析、认识和建议。

从调研取得的第一手资料来看，各个地区及行业主管部门高度重视工程技术人员的培养工作，对工程技术人员的创新创业能力和综合素质都提出了明确要求，对提升其能力开展了大量工作，具有中国特色的企业人才成长机制正在不断优化和完善，以职业发展规划为导向、以有效激励机制为保障和以任职资格管理为尺度，以期培养出胜任未来发展的工程技术人员。

实现上述人才培养目标的第一个手段是更新人力资源管理的理念。现在越来越多的企业认识到人力资本投资和研究开发投资是回报率最高的投资，员工特别是工程技术人员的成长是关乎企业长远发展大计的关键，不仅要尊重人才、重视人才，而且要培养人才。为实现建立一支宏大的高素质、高境界和高度团结的队伍的目标，企业应不断营造一种自我激励、自我约束和促进优秀人才脱颖而出的人才培养机制，以解决组织发展中的人才瓶颈。

---

① 张大良《卓越计划：重在协同培养》，教育部网站，2014 年 10 月 28 日，http://old. moe. gov. cn//publicfiles/business/htmlfiles/moe/moe_ 745/201410/177365. html。

第二个手段是兴办企业大学。据统计①，目前《财富》世界 500 强中近 80% 企业拥有或正在创建企业大学，截至 2010 年年底已达到 3 700 所。在中国，以 1993 年摩托罗拉中国区大学成立为开端，越来越多的大型企业开始着手构建自己的大学。到 2011 年年底，中国企业大学的数量就已超过 400 所，其中外商投资企业在华建立的企业大学超过 80 所，中国本体企业大学超过 320 所，如果加上民间低调成立的企业大学，估计我国境内的企业大学有可能达到千所。然而，仅仅两年之后的 2013 年年底，我国企业大学数量就迅速扩大到 2 000 所以上②，近 5 000 万人接受了企业大学的教育。本次调研走访的中兴、华为、腾讯等均拥有企业大学，并且达到了国际一流水平。

第三个手段是不断优化企业内训制度和外培制度，主要措施包括：为新入职员工选派导师；从企业内部拥有丰富经验的技术骨干中选拔内部讲师，并邀请一部分外部专家，在企业内部定期举办技术讲座；与高校联合开办工程硕士班，对技术骨干参加学习给予学费报销等；选派优秀技术骨干参加高校各类培训等；鼓励技术骨干参加行业举办的年会、研讨会和标准研讨等活动。

第四个手段是建立与时代发展相吻合的企业文化、创新薪酬制度和实施多样化的激励措施，激发工程技术人员的钻研、创新和开拓精神，促进企业持续稳定发展。纵观全球知名企业，无不把创新企业文化作为提升员工对企业认同感、建立员工的使命感和稳固企业凝聚力的重要手段，而创新薪酬制度则是通过建立福利保障、薪酬结构和对支付方式的调整，吸引所需要的技术人员进入企业，稳定技术骨干队伍。在激励措施方面，股权、期权激励近年来正在越来越多地被企业所采用，国有企业混合所有制改革的推进，无疑将为这一激励措施的扩大应用提供新的空间。

---

① 深圳前瞻咨询股份有限公司，《2013—2017 中国企业大学建设运营与典型案例分析报告》，http://bg.qianzhan.com/report/detail/ecea0c5b14a843b2.html。

② 《中国企业大学数量已超 2 000 所（学院关注）》，《人民日报》2013 年 12 月 11 日第 8 版。

第五个手段是建立多条人才成长通道。目前企业大多建立了管理系列、工程技术系列和高技能系列三条人才成长通道：沿管理系列发展的将成为管理人员和管理专家；沿工程技术系列成长的将成为技术人员和技术专家；沿高技能系列发展的将成为操作工人和高级技师。企业对不同职位有着明确的任职标准、认证流程、培养和晋升机制以及薪酬体系，并根据每个工程技术人员的能力和意愿，确定其发展定位和方向，"看态度、看贡献、看潜力"成为企业衡量人才的重要标准之一。与此同时，许多企业也建立了打通三条成长通道之间关系的渠道，不仅管理体系和技术体系人员可以互通，也不乏优秀的技术工人通过个人努力进入企业研发部门工作，并因此走上完全不同的发展轨道。

4.3 创新我国人才培养体系的措施建议

创新体系、法制化和国际化应当成为我国人才培养体系创新的目标。

1. 推进人事制度改革，建立促进人才成长的长效机制

积极探索适应我国工程技术人员队伍建设的管理模式，努力推进人事制度改革。规范人才选拔、使用方法，建立人才开发、接力、职业生涯设计等有利于工程技术人员队伍建设的制度体系，破除一切不利于人才发展的制度性障碍，努力构建包括培养、吸引、使用、评价、考核、激励、退出和保全等内容的制度环境。

注重发展和培养一批跨行业、跨学科、跨领域的科学家、科技管理专家，对核心技术领域的高级专家实行统一的支持鼓励政策。积极探索有效的资源共享体制机制，按照"整合、共享、完善、提高"的原则，制定各类人才资源共享的标准规范。针对不同类型、不同领域的工程技术人力资源特点，采用多样的共享模式和机制，用机制激励人才、用制度保障人才。

遵循人才队伍建设的内在规律，为其发展和成长创造良好的生态环境，充分肯定工程技术人员通过自身和科研群体的付出及取得的成果，

鼓励竞争，以促进他们充分发挥聪明才智，充分体现自身价值。

建立国家级功勋奖励制度，对创造了具有自主知识产权和核心竞争力的科研成果，并在成果转化中产生了重大经济社会效益的优秀工程技术人员给予激励。坚持绩效优先，兼顾公平，重实绩、重贡献，支持政策要向优秀人才和关键岗位倾斜。建立国家重大项目人才的长期激励政策，改革现行分配管理制度，推行以人才价格指导线为主的宏观调控制度。

瞄准未来全球科技革命的方向，做好顶层设计，依托国家重大人才培养计划、重大科研和重大工程项目，大力培养经济社会发展中重点领域急需紧缺的工程技术人员，建立健全高层次工程技术人员储备与开发利用机制，加强统筹协调机制，促进人才培养资源共享。

2. 推进人才公共服务平台建设，为人才成长提供保障

打造一个从人才培养、人才资源管理、产业联盟、公共资源共享、就业输送渠道开拓、市场信誉监管为一体的人才服务体系。包括人才服务公众网、E–Learning在线学习平台、企业化实训平台、人才测评平台、人才中介服务平台、决策分析及运营管理门户。通过公共服务平台对外发布各种资讯：企业介绍及服务、培训机构介绍及服务、培训信息及招聘信息等。形成以市场需求为导向，集公益性、服务性、导向性和示范性于一体的面向全社会开放的工程技术人员专业门户。建立人才、培训机构、企业、院校的公共信息交流及共享的平台，解决人才、培训机构、用人企业、院校之间存在的信息不对等情况，为人才队伍建设提供全方位服务的平台。

建立科学的工程技术人员资源指标体系，提高人才资源的分析、预测和统计水平，为促进工程技术人员的合理流动和人才的优化配置，有效选拔、使用人才创造条件，并将其纳入行业统计指标体系。使工程技术人员统计工作进入常态化。同时根据技术和经济的发展，适时对指标体系进行调整，删除那些过时的指标，增加形势所需的新指标，为科学地预测人才需求提供依据。

以中国加入《华盛顿协议》为契机，大力推动高校工程教育的国

际化。与此同时，应重视人才能力和水平评价的国际化，通过国际化人才评价标准和评价流程的建立，推动中国的工程技术人员走向世界。

以国家职业框架体系为基础，以建立同行认可体系为目标，实质性地推动工程技术人员能力评价的社会化。针对不同的工程行业特点、不同的职位和职业要求，制定出分类分层的人才评价序列，使各层次工程技术人员都有发展的空间。建立以业绩为核心，由品德、知识、能力等要素构成的人才评价指标体系。

3. 推进人才培养体系创新，建立终身学习体系

努力构建多元化的教育培养体系，发展多层次的办学模式，各类学校应有符合自身发展特点的人才培养目标，以满足社会对人才的多元化需求。

加快对院校的教育结构、学科设置调整。改变"计划教育"模式，将工程教育从科学教育的方式下解脱出来，以适应工业转型与发展的需要。促进院校与企业合作，吸引拥有真正意义上工程背景的技术人员加入教师队伍，提高工程教育质量。

着力解决人才培养中高校与企业合作面临的诸多现实问题，充分发挥市场的调节作用，鼓励合作模式的创新和多样化，鼓励高校和企业之间的良性互动。通过工程教育带动企业科研能力，通过企业生产机制促进高校科研成果转化。

通过立法，确定继续教育改革目标和任务，并推动贯彻实施，建立相应的机构进行管理，使继续教育在国家的法制监督下健康地发展，形成终身化、网络化、开放化、自主化的教育体系。

第五章　工程技术人员注册制度研究

如前所述，无论是由国家主导的职称制度，还是由社会团体推动开展的专业技术水平评价，其根本都是对人才学术技术水平和专业能力的评价。从制度设计和体系重构入手，回归专业水平评价的本质功能，是服务于国家创新发展的需要，更是营造有利于优秀人才成长环境的重要手段。

工程师是专业技术人员队伍中的特殊群体，他们活跃在工程技术领域的科研和生产一线，是推动产业创新发展的最重要力量，是企业自主创新能力的重要体现，也是国家科技水平和工业水平的承载者。因此，建立具有中国特色并与国际接轨的工程师制度，应当作为国家专业人才水平评价制度的重要组成部分。2013 年人事科学研究院受中国科协委托开展的《科技工作者职称状况》调研结果显示：75% 的受访者认为，我国应当积极建立国际等效的工程师培养、开发制度，推动我国工程师的国际互认；82.9% 的受访者表示，迫切需要在本行业建立工程师注册管理制度。这一制度的建立，是推动职业教育、高等教育改革和人力资源管理的重要基础性工作，将有利于激励人才成长、促进人才合理流动和提升专业人才队伍质量，也将为提升工程质量和产品质量提供保障。

本章基于第一章中对概念界定的基本认识、国际经验和全国学会在探索建立同行认可体系方面的实践，提出了我国工程技术人员注册制度的基本构想。

需要说明的是，本书中所述"注册"，既包括狭义理解的"执业资格/资质管理"（注册工程师），即只有经注册方可在某些特定技术领域就业，也包括广义理解的"从业备案登记管理"，即从人力资源管理角度，掌握本领域从业工程技术人员的结构、资历状况及其学术成长历程。

5.1 国际工程师制度的典型模式

按照国家是否参与工程师专业形成的规制、规制的严格程度、规制的制度与组织安排三个分类标准，可以把相关国家工程师制度归纳为四种模式，即自由模式、单元适度规制模式、单元（或多元）严格规制模式、多元适度规制模式（表 5 - 1）。

表 5 - 1　国际工程师制度典型模式分类

类型	模式一	模式二	模式三	模式四
名称	自由模式	单元适度规制模式	单元（或多元）严格规制模式	多元适度规制模式
标准①	国家只规制工程师的学术形成	单一中心适度规制工程师的学术形成和专业形成	单一中心（或多中心）严格规制工程师的学术形成和专业形成	多中心规制工程师的学术形成和专业形成
主要国家/地区	德国俄罗斯	英国中国香港新西兰	加拿大（单元）新加坡（多元）	美国日本
代表国家	德国	英国	加拿大	美国

通过以上分析，可以对国际工程师制度典型模式做出以下界定。

---

① 学术形成和专业形成，分别指大学之内学术头衔的取得与大学之外的专业头衔的取得。

自由模式，是指国家只规制工程师形成的第一阶段——大学之内的学术形成，不规制工程师形成的第二阶段——大学之外的专业形成，即政府只保护学术头衔，不保护专业头衔（既没有官方认证，也没有执照）。

单元适度规制模式，是指政府同时保护学术头衔和专业头衔，授权单一中心的工程资格团体来规制工程师形成的全过程，但对工程实践的规制只采用部分执照的适度规制形式，即在多数领域进行官方认证，只对土木工程师或咨询工程师等少数与公共安全密切相关的领域使用执照规制。

单元（或多元）严格规制模式，是指政府同时保护学术头衔和专业头衔，授权单一中心（或多中心）的工程资格团体来规制工程师形成的全过程，但对工程实践的规制在绝大多数领域采用全部执照的严格规制形式。

多元适度规制模式，是指政府同时保护学术头衔和专业头衔，但没有授权单一中心的工程资格团体来规制工程师形成的全过程，而是由多个主体来分别规制鉴定、认证、执照和注册四个核心环节，同时，工程实践的规制采用部分执照的适度规制形式，即在多数领域进行官方认证，只对土木工程师或咨询工程师等少数与公共安全密切相关的领域才使用执照规制。

5.1.1　典型国家工程师制度的经验

职业社会学研究表明，在世界各国推进职业资格证书制度中，政府、专业团体（协会学会）和高等学校是最活跃的三种力量。这三种力量相互促进、协同配合，在本国职业资格证书框架体系中各自发挥着重要的和不可替代的作用。课题组以专业工程师为例，对英、美、德、日、新加坡等国家工程师制度进行了专题研究，并重点对英国、美国和德国工程师治理模式下职业资格证书体系框架进行了比较研究（表5-2）。

表 5－2 英、美、德三国工程师制度比较

		英国	美国	德国
工程师职业化路径		教育鉴定—工作经验—考试/面试—认证—（注册）—继续教育（德国未挂钩）		
组织架构	顶层机构	英国工程理事会（ECUK）	无	德国工程、信息科学、自然科学和数学专业鉴定机构（ASIIN）、欧洲工程师协会联盟（FEANI）
	政府参与方式	对顶层机构授权	工程师资质注册（各州执照局）	国家只授权顶层机构规制工程师的学术形成
	其他重要参与机构	专业学会	美国工程和技术鉴定委员会（ABET）、美国工程与测量考试理事会（NCEES）	德国工程师学会（VDI）
	组织形态	以 ECUK 为中心，专业学会负责实施	分散独立，并相互合作	以 ASIIN、FEANI 为中心，相互合作
工程教育鉴定	标准制定机构	ECUK	ABET	ASIIN
	鉴定执行主体	专业学会	ABET	ASIIN
	《华盛顿协议》签约方	ECUK	ABET	ASIIN
专业工程师认证	标准制定机构	ECUK	各州执照局	FEANI
	认证执行主体	专业学会	NCEES——组织考试；州执照局——注册备案	FEANI 下设的欧洲监督委员会与德国国家监督委员会

		英国	美国	德国
专业工程师认证	资质规制形式	认证	执照	认证
	资质评估形式	面试	笔试	评议、核实
	资质是否更新	是		
	是否继续教育	是		否
	资质规制范围	专业头衔	专业头衔＋职业准入	专业头衔
	资质规制程度	较强	强	较弱

5.1.2　英国模式

主要特点：实行以专业为中心的治理模式，政府不承担管理职能，而是通过授权专业管理团体综合管理，由专业学会协会具体实施；适度规制，即采用在多数领域进行官方认证，而只对土木工程师或咨询工程师等少数与公共安全密切相关的领域实施许可。学历学位证书与职业资格证书相衔接。其职业资格证书体系框架如下。

1. 实施主体

英国工程理事会（ECUK）是英国实施专业工程师证书的综合管理机构。经皇家特许，ECUK 正式成立于 1981 年。经费主要来自备案会员的会费、投资收益、咨询收益及其他社会捐赠。其主要职能是：①制定专业工程师的认证标准和申请程序。②对实施职业资格证书认证的专业学会实施认可和授权。③对专业工程师和工程学位教育项目进行备案。④代表英国签署并参加有关工程教育和专业工程师职业资格证书的国际协议。⑤提供政府咨询服务及协调利益相关方关系。

获得 ECUK 授权的各专业学会是组织实施专业工程师资格认证的执

行机构。目前共有 36 个专业学会，涵盖各个工程领域。英国工程理事会和学会都是独立注册的社会团体，没有从属关系。

2. 等级划分

英国专业工程师从低到高分为工程技师、主任工程师和特许工程师三个等级。

工程技师（Engineering Technician，EngTech）（在 IT 领域称为信息通信技术技师）：主要负责对生产过程中的现有系统进行安全使用与维护。

主任工程师（Incorporated Engineer，IEng）：管理并维持已有技术的使用和开发，并能承担相应的工程设计、开发、制造和操作任务。

特许工程师（Chartered Engineer，CEng）：在技术界和工程界起引领作用，能够在现有技师基础上进行开发和创造新技术、新方法，通过创新、创造和变革找到解决工程问题适宜的方法。

3. 认证标准

UK – SPEC 认为"素质能力"（competences）和"个人承诺"（commitment）是工程师资质认证的核心。个体不同的素质能力决定了其在专业工程师的资质级别。个人承诺是工程师对个人未来职业发展的规划和预期以及对社会、环境、法律的尊重；个人承诺是认证的重要组成部分，这一部分被认为是工程师对个人和社会需要承担的义务，也是未来资质复审的重要考量因素（表 5 – 3）。

表 5 – 3　不同级别专业工程师的能力素质与个人承诺标准比较[①]

		工程技师	主任工程师	特许工程师
专业技能	学习应用知识的能力	使用与理解工程技术知识，运用现有的技术与实践技能	综合运用一般和专门的工程技术知识，使用现有的技术和新兴技术	综合运用一般和专门的工程技术知识，对现有技术和新兴技术的应用进行优化

---

① UK Standard for Professional Engineering Competence. Engineering Council UK.

		工程技师	主任工程师	特许工程师
专业技能	工程实践能力	参与工程工艺、系统、服务和产品的设计、开发、生产、建设、试车、操作和维护	在工程工艺、系统、服务和产品的设计、开发、生产、建设、试车、操作、维护、退役和再利用领域，应用适宜的理论和实践方法	应用恰当的理论和实践方法，创造性地分析和解决工程问题
通用技能	技术与商务领导能力	认同并履行个人责任	提供技术和商务管理	具备技术、商务和管理的综合能力，率领团队有效地完成工作任务
	人际交流能力	有效的沟通与人际交流技巧		
个人承诺	职业操守、社会责任和个人可持续发展	对个人未来发展的承诺。对职业操守、社会、行业、环境和法律法规的承诺		

4. 认证流程

英国专业工程师的认证流程具体如图 5-1 所示。

5. 质量保障

备案。ECUK 根据 UK-SPEC 对获得资质认证工程师的申请材料进行复核并备案，但 ECUK 并不能改变学会对个体工程师资质的评定结果，却可以此监督各学会对 ECUK 标准与程序的执行情况，并提出意见与建议。

复审。这种复审是不定期的，主要是通过专业学会对会员持续专业发展情况、申请过程中个人承诺的履行，以及在学会中会员身份的保持等信息审查实现的。会员长期不参加个人专业发展活动、严重违反个人

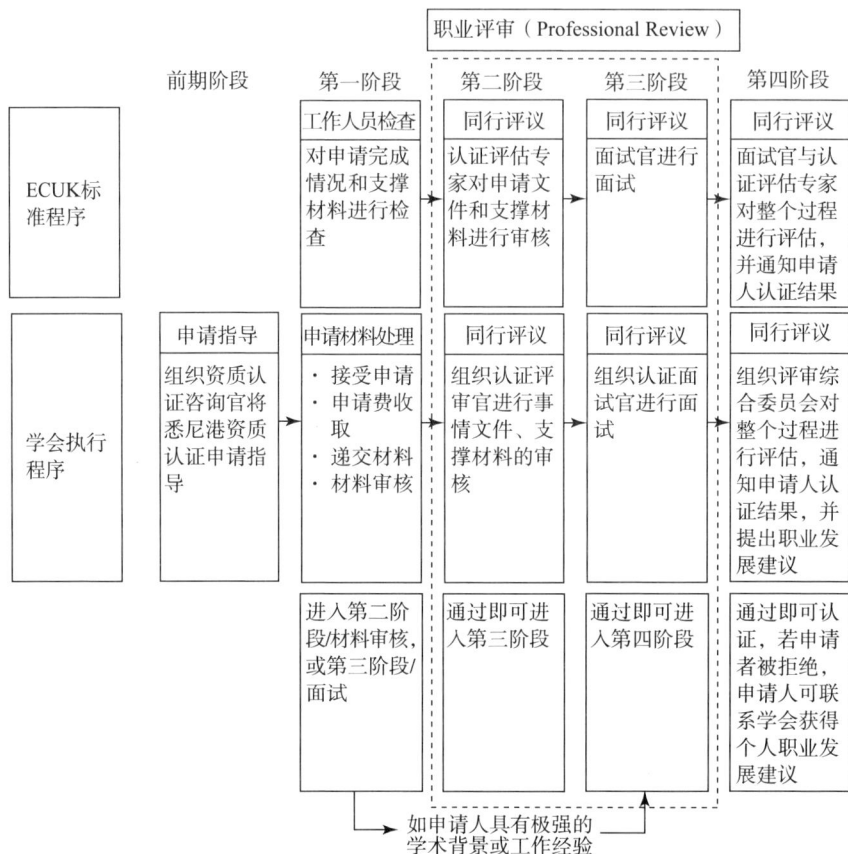

图 5－1　英国工程师职业资格认证流程

承诺、被发现在申请阶段造假、失去学会的会员资格（最主要直接原因是长期不缴会费）都可能导致专业工程师资格的丧失。

继续教育与持续专业发展。ECUK 制定了《专业发展准则》（Professional Development Code），明确了专业工程师在"承诺的兑现""自我管理""继续教育"和"人才培养"等方面的义务和责任。

6. 学位学历证书与职业资格证书相衔接

学位学历证书与职业资格证书的衔接如图 5－2 所示。

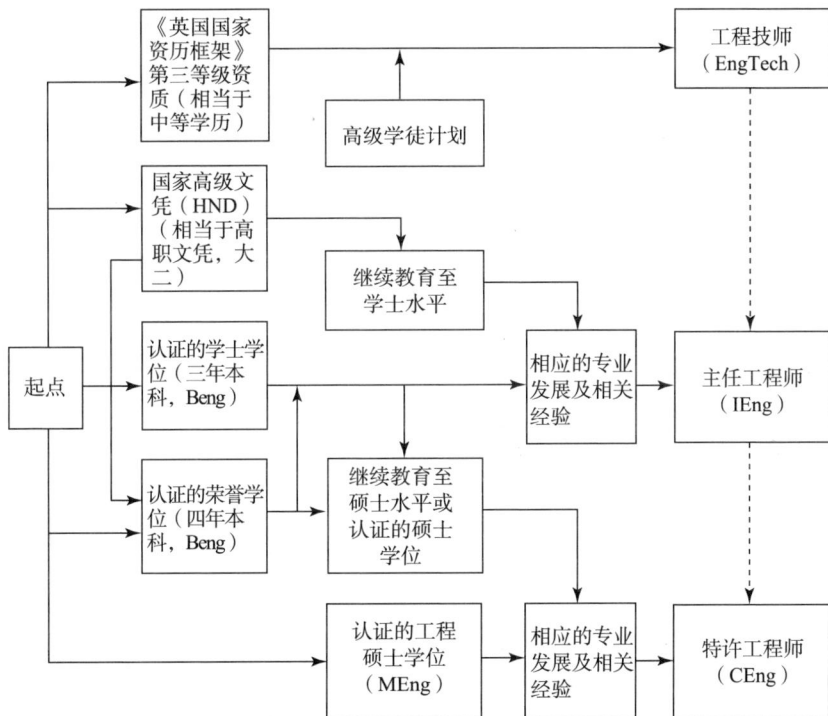

图5-2 英国工程师学位证书与资格证书衔接

5.1.3 美国模式

主要特点：实行政府与专业团体分工协作的治理模式，即政府立法设立许可、专业团体制定规制标准、工程师协会组织实施、各州政府有关机构负责证书颁发及管理。适度规制，即采用在多数领域进行官方认证，而只对土木工程师或咨询工程师等少数与公共安全密切相关的领域实施许可。学历学位证书与职业资格证书相衔接。其职业资格证书体系框架如下。

1. 实施主体

政府规制机构：各州专业工程师执照局是负责工程师资质管理的政府职能部门。

自我规制机构：美国工程与测量考试委员会（简称NCEES）是以

提供美国工程师资质专业标准、促进执照在全国范围内流动为目的的全国性非营利机构。

自我规制机构：工程和技术鉴定委员会（简称 ABET）是主管美国工程教育学位鉴定的全国性非营利机构（图 5-3）。

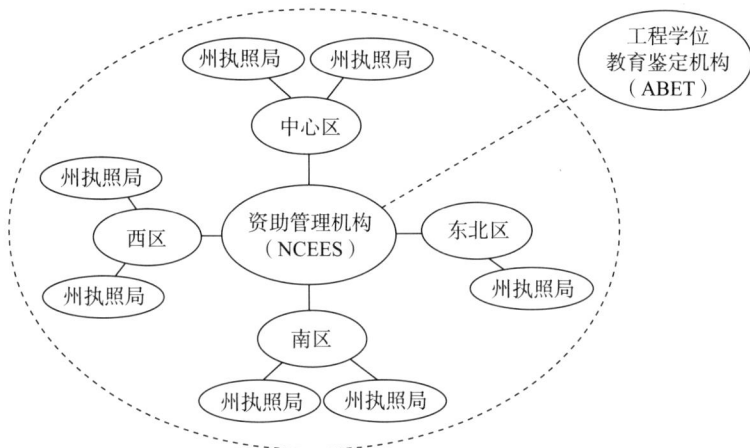

图 5-3 美国专业工程师制度组织架构概况

2. 等级划分

根据 NCEES 模型法，美国专业工程师分为两个等级，不同的资质层级受法律保护程度也有所不同。美国专业工程师的等级有实习工程师和专业工程师。

①实习工程师（Engineer Intern）：获得经 ABET 鉴定的 4 年工程教育本科课程或以上学历，并通过 FE 考试的毕业生，由州执照局颁发实习工程师证书对其学术头衔、专业头衔进行保护。

②专业工程师（Professional Engineer）：获得经 ABET 鉴定的 4 年工程教育本科课程或以上学历，通过 FE 考试的实习工程师，有 4 年或 4 年以上工作经验，并通过 PE 考试，将被授予专业工程师执照。其学术头衔、专业头衔受法律保护，并可在指定范围进行工程实践。

3. 认证标准

就资质标准而言，与其他模式相比，美国的专业工程师制度有着更为科学、客观、清晰的评估标准。除经 ABET 鉴定的工程教育学位外，美国专业工程师的认证标准主要分为考试与经验两类标准。

NCEES 考试内容标准：美国 NCEES 考试分为以下两类：一是 NCEES 基础考试（FE），该考试为即将工程教育本科毕业的学生设计，考查内容为经 ABET 鉴定的工程本科教育课程一至四年级的全部内容与课程，具体要求也与 ABET 的专业鉴定标准相一致，为闭卷考试；二是 NCEES 实践考试（PE），以评估个人在特定工程学科实践能力为目的，该考试为获得大学工程本科教育学历后并在相同领域内至少有 4 年工作经验的工程师设计，为开卷考试。

经验要求：执照局在审查申请人资质时核实其是否具有 4 年的专业工作经验。在审查申请人的专业工作经验时，执照局要考虑下列因素：一是在一位注册工程师指导下从事工程专业工作；二是工作性质是循序渐进的，对申请人的工作质量要求不断提高，工作责任逐步加重；三是能显示出申请人在工程数学、自然科学与应用科学、材料特性以及工程设计基本原理方面的知识状况；四是能显示出申请人在深入解决工程实际问题方面，运用工程原理的能力。

4. 认证流程

美国资质规制中的基本元素为教育、经验、考试三环节。美国的工程学位教育鉴定由 ABET 承担，工程师执照标准由 NCEES 确定，而执照的评定与颁发则由州执照局承担，具体流程包括以下方面。

NCEES 考试中的组织：NCEES 考试的组织是一个多方参与的过程，其中发挥关键职能的为 NCEES 与各州执照局。它们互相协调，互相配合，分段负责不同职能，共同完成考试的组织工作。执照局在考试中主要发挥协调的作用。NCEES 在考试中最重要的职能是考试规章制度的制定、试卷的设计及评分三方面。NCEES 考试为行业自我规制的重要表现，决定了美国工程师执业制度中的专业性。

专业工程师执照的颁发与复审：工程师个体在满足教育、工作年限和考试要求后，可向所在州的执照局申请专业工程师资格。执照局对审核合格的专业工程师颁发执照。美国专业工程师资格每 5 年都要重新审核。

5. 质量保障

工程学位教育鉴定：为实现对"教育目标"及"学生产出"的评估，ABET 设置了对课程设置、课程学时、教师资源、教学设施、学校支持（如财政资源、领导结构）等方面的评估标准，综合评判工程学位教育的产出成果。在根据 ABET 学位教育鉴定标准完善自身课程发展后，高校可就某一个或多个相关专业提出鉴定申请。所有通过鉴定的项目将在 ABET 备案和复审。

专业工程师资格重新审核：美国专业工程师资格每 5 年都要重新审核，其目的是再次证实申请人继续保持专业工程师的执业能力和水平。美国某一州的专业工程师如果需要到其他州进行执业，需要重新向执业州申请新的工程师执照。由于美国各州在对工程师道德、继续教育等细节问题上处理不同，需要按照当地的标准进行重新审核。

继续教育与持续专业发展：继续教育是专业工程师获得执照后实现自我提升的重要途径。NCEES 于 2010 年发布《继续专业能力准则》，支持建立全国统一的继续教育能力标准以保证公众的健康、安全与福利。

6. 学位学历证书与职业资格证书相衔接

ABET 工程学历教育标准与职业标准体系对专业工程师知识体系与专业能力的要求相一致，完成从工程教育到资质授予的无缝对接。获得专业工程师执照必需三个条件：教育（Education）——经 ABET 鉴定的高等教育学位；考试（Examination）——通过 NCEES 的 FE、PE 考试；经验（Experience）——指定范围内 4 年以上工作经验（图 5-4）。

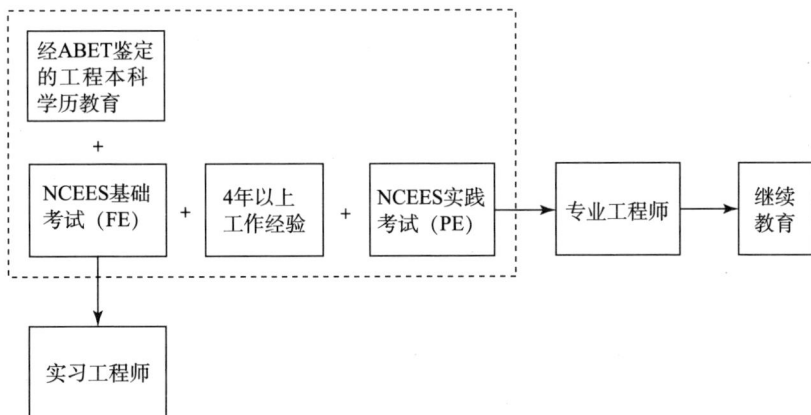

图 5－4　美国工程技术人员成长路径

5.1.4　德国模式

主要特点：德国工程师制度作为自由模式的典型代表，政府只保护学术头衔，不保护专业头衔。德国有着独特、较为完善的高等工程教育与工程师培养体系。从实施主体与实施形式上来看，德国传统专业工程师体系与高等工程教育体系基本等同。目前，德国的高等教育和专业人员规制以州政府为主，联邦政府正逐步通过国家立法参与进来。其职业资格证书体系框架如下。

1. 实施主体

从现状来看，德国缺乏国家层面核心的顶层机构组织统领专业工程师改革的相关事宜。目前，以德国为首的欧盟委员会正在推进和普及欧洲工程师制度的共同标准和一体化，以达到弥补德国自身工程师制度缺位而导致的体系不完整性的目的。基于此，德国工程专业人才制度中，ASIIN 和 FEANI 两类（个）组织起到重要作用。

德国工程、信息科学、自然科学和数学专业鉴定机构（ASIIN），即德国主管国际互认工程教育鉴定机构。

欧洲工程师协会联盟（FEANI），即欧洲范围内专业工程师资质体系管理机构，以实现包括德国在内的欧洲各国间工程师资质互认与流动的目的。其资质头衔为"欧洲工程师"。

2. 等级划分

FEANI 工程师体系只有一个资质层级，即欧洲工程师（Eur. Ing.）。该资质头衔通过认证这一行业自我规制形式获得，是受欧盟认可的资质证书。德国工程师职业发展路径如图 5 - 5 所示。

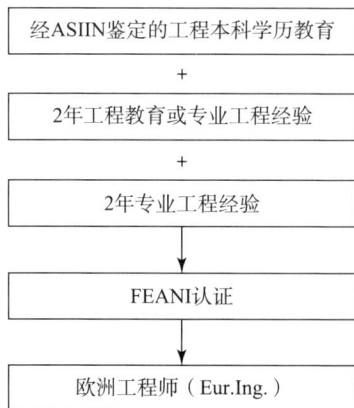

```
┌─────────────────────────────────┐
│ 经ASIIN鉴定的工程本科学历教育      │
└─────────────────────────────────┘
                +
┌─────────────────────────────────┐
│ 2年工程教育或专业工程经验          │
└─────────────────────────────────┘
                +
┌─────────────────────────────────┐
│ 2年专业工程经验                   │
└─────────────────────────────────┘
                │
┌─────────────────────────────────┐
│ FEANI认证                        │
└─────────────────────────────────┘
                │
┌─────────────────────────────────┐
│ 欧洲工程师（Eur.Ing.）            │
└─────────────────────────────────┘
```

图 5 - 5　德国专业工程师职业发展路径

3. 认证标准

"欧洲工程师"是该系统中唯一的资质层级，该层级有较清晰、对应的素质能力。在 FEANI 公式的基础上，欧洲工程师的素质能力标准包括以下能力标准（表 5 - 4）。

表 5 - 4　欧洲工程师执业能力标准①

要素	内容
知识理解	熟练掌握以数学、相关科学学科与所在工程学科的综合为基础的工程原理
工程分析	具有应用适当理论、实际方法来分析和解决工程问题的能力

---

① General Criteria for the Accreditation of Degree Programmes，ASIIN.

续表

要素	内容
工程设计	了解与所在专业领域相关的现有技术和新兴技术
	了解所在专业领域的标准和规章制度
工程实践	了解所在工程领域的工程实践知识，以及材料、部件和软件的属性、状态、制造和使用
可转移技能	具有对工程职业服务社会的责任、职业与环境的认识，从而履行良好的职业道德伦理
	具备工程经济学、质量保证和维护的基本知识技能，并具有使用技术信息和统计数据的能力
	具有在多学科项目中与他人合作的能力
	具有包括管理、技术、财务和人文关怀的领导能力
	具有沟通技能和通过持续的专业拓展以保持竞争力的责任感
	熟练掌握所需欧洲语言，以便在欧洲各国工作时能有效地沟通

4. 认证流程

对德国工程师进行专业资质的认证，主要通过 FEANI 下设的欧洲监督委员会与德国国家监督委员会具体执行（图 5 - 6）。

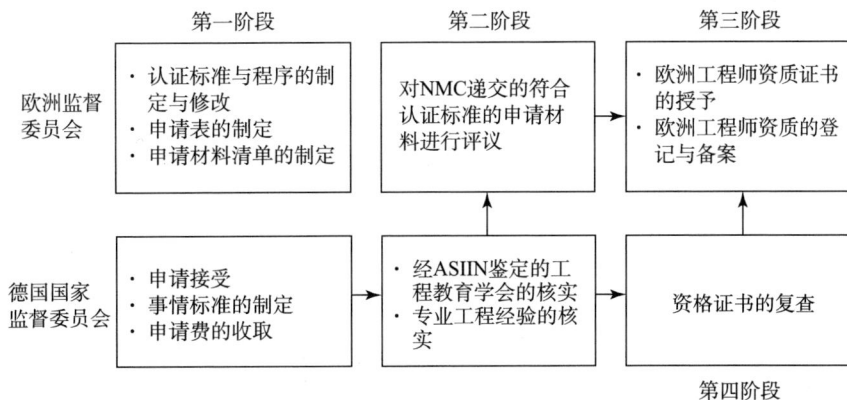

图 5 - 6　德国专业工程师的认证流程

5. 质量保障

工程学位教育鉴定：ASIIN 鉴定标准主要涉及开设课程的动机、课程内容的教学组织和要求、师资和物质保障、质量保障措施以及与教学相关的合作项目等。德国工程教育各利益相关者对于工程教育的期望与要求，以及国际工程教育发展趋势是 ASIIN 鉴定标准制定的基础。所有通过鉴定的项目将在 ASIIN 备案。ASIIN 鉴定证书的有效期一般为五年。如满期限，院校需要申请并通过另一轮的评估完成更新。

继续教育与持续专业发展：目前，继续教育并未纳入德国专业工程师体系内，也未能与专业工程师资质挂钩。德国继续教育仅为个人行为，没有强制的政府干预或半强制性的行业自我规制。继续教育课程开展只是专业学会、工程团体与企业内部的自主行为，没有形成系统化的、有利于工程师能力成长的继续教育标准与评估体系。德国无法从制度上保证对工程师的质量规制，也无法与国际工程师形成有效的对应关系。

6. 学位学历证书与职业资格证书相衔接

德国 ASIIN 工程学位教育鉴定是以《华盛顿协议》成员国模式为范本打造的教育质量控制体系。德国始终积极地融入国际互认的教育鉴定标准框架，积极推动传统教育系统与国际的交融，最终目的在于建立以工程教育为基础、同行评议注册方式为规制手段的专业工程师资格管理制度。德国工程教育是传统专业工程师培养的主要环节与场所，是传统工程师体系的基础。因此，德国传统工程教育的国际化直接撼动了德国专业工程师制度的根基，工程教育不再承担专业工程师资质授予的职能，德国只有通过重新建立独立的认证或执照体系实现对专业工程师的资质管理。

5.1.5 经验借鉴

综观发达国家（地区）工程师制度的成功经验，在典型国家（地区），工程师培养是一个多方协作的过程，工程界也是一个多方利益共同博弈的联合体，其每一步发展和改革都会涉及政府、社会团体（学会、协会/联合会)、教育机构和企业等诸多利益方的协调和支持。

1. 三种力量推动

从国际工程师制度历史演进看,无论是实行"国家中心"治理模式比如德国,还是实行"专业中心"治理模式比如美国,都越来越重视发挥政府、学会协会和教育机构在国家职业资格证书制度体系框架中的独特作用,即政府依法规制、学会协会授权实施、教育机构主动衔接。

2. 适度规制

通过实施严格的立法审查制度,严格控制许可类职业资格数量,即对少数职业实行职业资格许可;而通过实施授权和认可制度,对多数职业实施职业资格认证。课题组依据美国 O*NET 网站公布的职业资格目录清单统计,目前美国各州实施许可类工程师职业资格累计有 57 个,政府认可、全国通用认证类工程师职业资格有 106 个。

3. 依法设定

主要有四种情况:一是颁布职业资格管理法,如韩国的《国家技术资格法》;二是颁布某一职业资格的单项法规,如美国各州就不同的职业资格制定单项法规;三是在综合性法规中就职业资格作出规定,如德国的《职业教育法》;四是在相关法律法规中就职业资格作出规定,如日本在产业、行业法律法规中就职业资格作出规定。

4. 与职业教育衔接

主要做法:一是职业标准与教学标准相衔接。由英国工程学会(ECUK)制定的《英国专业工程师能力素质标准》(UK - SPEC),既适用于工程师认证,也同样适用于工程学历教育,被称为英国工程界的一个纲领性文件;二是工程教育专业认证制度与工程师资格认证制度既相互独立又密切联系,比如英国,获得经工程教育专业认证的学历学位是申请工程师资格的前提。

5. 国际化发展

为适应经济全球化发展的需要,20 世纪 80 年代美国等一些国家发起并开始构筑工程教育与工程师国际互认体系,其内容涉及工程教育及继续教育的标准、机构的认证，以及学历、工程师资格认证等诸多方面。该体系现有的六个协议，分为互为因果的两个层次。截至目前，共有6项国际性协议，包括3项工程教育学历协议（《华盛顿协议》《悉尼协议》和《都柏林协议》）与3项从业资格互认协议（《工程师流动论坛协议》《亚太工程师计划》和《工程技术员流动论坛协议》），对推动各国工程师资格互认发挥了积极作用。

5.2 我国工程师注册制度框架体系设计

5.2.1 功能定位

工程师注册制度是我国人才多元评价体系的重要组成部分。由中国科协依据其职能任务设定或经政府职业资格专管部门授权设定，旨在维护公共利益、规范工程技术领域人力资源市场秩序、提升工程技术专业服务质量，证明资格申请人具备从事某一工程技术领域职业所需知识、技能或信誉的一项工程技术人员评价制度。工程师注册制度在我国多元主体人才评价体系中的功能定位如图5-7所示。

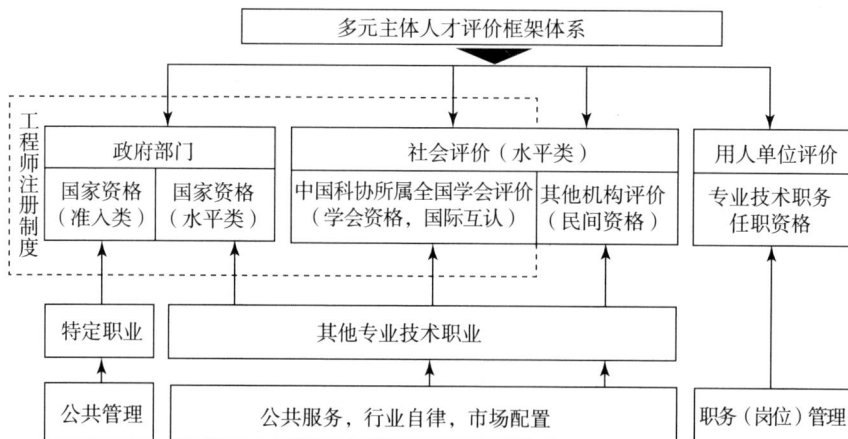

图5-7 工程师注册制度在多元主体人才评价体系中的功能定位

1. 评价主体

建立国家职业资格管理机构，明确其职责。以 2015 版《国家职业大典》为依据，建立《国家职业资格目录清单》，报国家职业资格管理机构批准后实施；中国科协在国家职业资格管理机构的授权下，负责组织具备相应资格的所属全国学会实施，并承担相应的管理职责，相应资格的确定，依据中国科协相关规定执行；具备相应资格的机构应接受中国科协的监管。其中，列入国家职业资格目录清单管理的"国家资格"，依据《行政许可法》规定或经国家职业资格政府主管部门授权依据相关法律法规组织实施，由中国科协及其所属学会、协会组织实施。"学会资格"依据中国科协有关规定，经中国科协批准或授权，由其所属协会、学会组织实施。

2. 宗旨和目的

"维护公共利益、规范人力资源市场秩序"是《行政许可法》对行政机关设定和实施许可事项的基本要求，是"许可类职业资格"设定和实施的根本目的；而"提升专业服务质量"是职业专业化发展的内在要求，是"许可类资格"和"水平类资格"设定和实施的共同目的。宗旨和目的不同，是区别"许可类"与"专业水平评价类"职业资格的重要特征。

3. 适用范围

实行全国统一组织、统一标准、统一程序。证书全国通用。

4. 评价内容

评价内容是"资格申请人具备从事工程技术领域某一职业所需知识、技能或信誉"，强调工程技术职业资格评价坚持"以工程技术职业活动为导向、以工程技术职业能力为核心"，这是我国工程技术职业资格评价内容设计的长期坚持并且行之有效的基本原则，也是区别职业资格与职称和各单位（组织）内部职务/岗位任职评价的重要特征。

5.2.2 资格类别

1. 国家资格（准入类）

准入类国家资格，是指依据《行政许可法》和相关法律法规设定并列入国家工程技术领域职业资格目录清单管理，由国家行政机关或法律法规授权的中国科协及其所属学会、协会组织实施，旨在确认申请人符合相关法律法规规定的工程技术领域资格标准，并准予其从事特定工程技术领域职业（提供公众服务并且直接关系公共利益）的行政行为。获得的职业资格证书是执业的必要条件。

2. 国家资格（水平类）

水平类国家资格，是指列入国家工程技术领域职业资格目录清单管理，由国务院职业资格主管部门授权中国科协及其所属学会依据一定的标准和程序，证明申请人具备从事某一工程技术领域职业所需知识、技能或信誉的人才评价公共服务。获得的证书不是对人员就业、执业的限制，而是对其工程技术领域职业能力达到一定水平的鉴定、证明或认可。

3. 学会资格（水平类）

水平类学会资格，是指经中国科协批准，由其所属学会设立并作为第三方认证机构（相对申请人和用人单位），依据一定的标准和程序，证明申请人具备从事某一职业所需知识、技能或信誉的人才评价公共服务。许可类国家资格与水平类国家资格和学会资格的区别如表 5 - 5 所示。

表 5 - 5　许可类国家资格、水平类国家资格和学会资格的区别

	许可类国家资格	水平类国家资格和学会资格
实施主体	行政机关或法律授权具有行政管理职能的社会团体	国务院主管部门授权中国科协，由其认可的所属全国性学会
功能定位	公共管理	公共服务、行业自律
适用对象	特定职业	其他专业技术职业
管理模式	政府主管	政府管理监督
评价标准	强制性、基准性国家标准	行业标准、通用标准
层次划分	除能力等级直接关系职业活动范围的，一般为一级	不同职业情况不同，从国际情况看，一般 2～3 级

续表

	许可类国家资格	水平类国家资格和学会资格
评价应用	所获得的职业资格证书是执业的必要条件	获得的证书不是对就业、执业的限制，而是对学术技术水平和相应"称号"的认可
法律特征	• 是依法申请的具体行政行为； • 是采用颁发职业资格证书等形式的行政行为； • 是行政主体赋予行政相对方某种法律资格或法律权利的行政行为	• 是依约定而形成的评价与被评价的关系
职业特征	• 是特殊的职业，需要具备"特殊信誉、特殊条件或特殊技能"； • "直接提供公众服务"； • 执业者的行为对国家、社会或公民有产生危害的可能，因此应该予以普遍禁止并且这种普遍禁止是可行的； • 有法定的职业活动范围	• 除国家已经设定职业许可的其他所有职业； • 有益提升专业服务质量和社会需求； • 应当设定和实施许可，按照《行政许可法》第十三条①规定但不设定和实施许可的职业

这里要特别说明的是，学会资格实际上是民间资格的 部分，只是依据 2015 年中共中央办公厅和国务院办公厅 15 号文件精神，结合学会作为工程师之家的定位，以及中国科协及所属学会在工程师专业水平评价、工程教育专业认证方面已有的作为，课题组认为，在工程师注册制度的实施主体上，中国科协及所属学会具有特定优势。

---

① 《中华人民共和国行政许可法》第十三条规定："本法第十二条所列事项，通过下列方式能够予以规范的，可以不设行政许可：（一）公民、法人或者其他组织能够自主决定的；（二）市场竞争机制能够有效调节的；（三）行业组织或者中介机构能够自律管理的；（四）行政机关采用事后监督等其他行政管理方式能够解决的。"

5.2.3　制度框架

1. 组织领导

在改革完善我国工程师制度框架下，成立由政府职业资格主管部门、中国科协及其所属代表性学会参加的国家工程师注册管理工作委员会，统筹规划和统一领导工程师职业资格证书和水平评价证书管理。国家工程师注册管理工作委员会办公室设立在中国科协，其基本职责是：

（1）拟定工程技术领域职业资格发展规划和规章制度；

（2）授权实施列入国家职业资格目录清单管理的工程师资格；

（3）执行国家职业标准制定技术规范并组织实施；

（4）认可工程师认证机构；

（5）组织实施工程师资格认证质量监测评估；

（6）推进工程师资格国际互认；

（7）建设工程师职业信息和资格证书信息公共服务网络平台。

在上述机构的领导下，由中国科协所属学会具体负责工程师职业资格认证和水平评价工作。

2. 运行机制

以增强工程师注册制度安排整体性、系统性和协调性为中心，完善工程师职业标准体系、考核评价体系和证书质量保障体系，推进工程师资格国际互认（图5-8）。同时衔接国家职业资格制度框架，发挥中国科协在国家资格制度框架体系建设中的职能作用（职业分类体系、资格设定评估体系）（图5-9）。

（1）职业标准体系。

以国家标准职业分类和国家资历框架为基础、以工程技术职业活动为导向、以工程技术职业能力为核心，建立健全工程技术职业标准体系，制定工程技术职业标准，制定技术规范。

（2）考试考核管理体系。

完善工程技术职业资格命题、阅卷、考务等考试管理办法和资料审查、面试等考核评价办法。创新资格认证方式方法，提高资格认证质

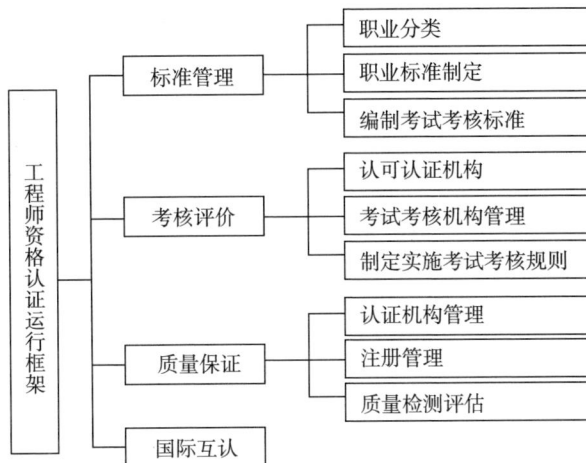

图 5-8 工程师注册制度框架

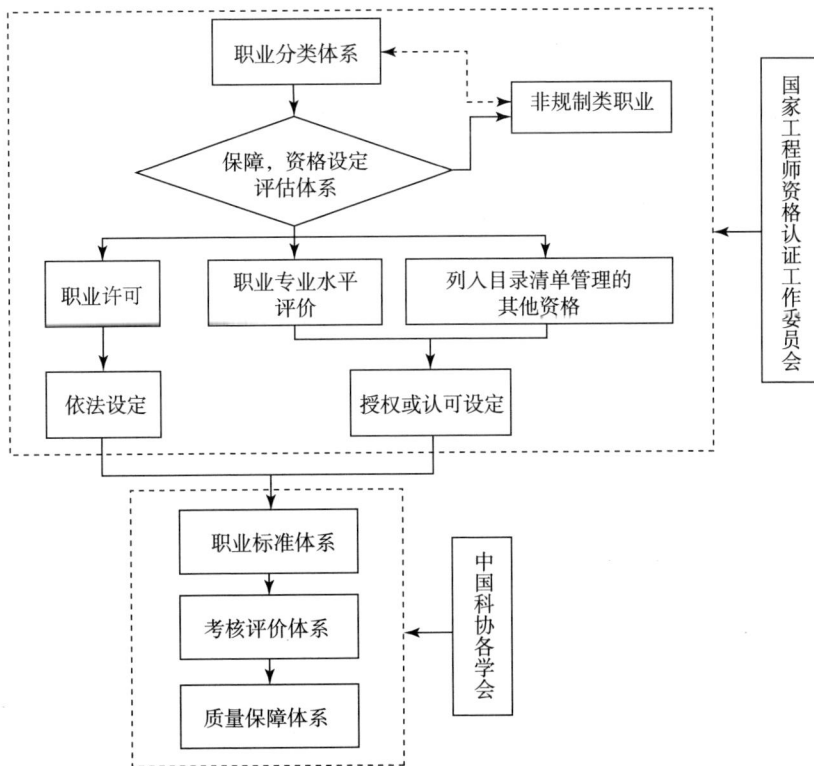

图 5-9 工程师资格认证框架与国家职业资格框架衔接模式

量。严格执行国家职业资格保密制度和考试考核工作纪律要求。

（3）质量保障体系。

建立健全工程师资格认证机构认可制度和工程师注册管理制度。完善认证机构自律机制，以"可负责、可问责"为核心，引导完善专业机构的运行、约束、公开、服务等制度机制。建立健全工程师资格证书质量监测评估标准体系和第三方评估机制。促进专业发展，加强职业资格证书与继续教育、专业学位教育、会员管理和职业诚信体系建设等制度的关联复合。

3. 等级划分

从国际比较情况看，目前世界各国工程师资格等级划分各具特色。美国各州大体将工程师资格认证分为两级：实习工程师和专业工程师；英国分为三级，即工程技师、主任工程师和特许工程师；德国采用欧洲工程师一个级别。从我国工程师职业资格制度实践情况看，许可类资格，除因等级划分直接影响职业活动范围的职业如注册建筑师和注册结构工程师（一级、二级），不再划分资格等级。专业水平评价类资格大体是沿用职称职务等级设置办法，分为初级、中级和高级"三级"，个别的考虑增设"正高级"四级。

课题组认为，工程师资格等级划分应综合考虑以下因素，实行灵活多样、个性化和国际可比的职业能力等级划分办法：

（1）以国际可比、等效为原则，对应国际同行同业的通行做法；

（2）处理好继承与创新的关系，已经分级的，在保持原层级设置的基础上，规范各层级名称，强化职业发展和专业化特征，淡化职务（岗位）要求的特征，厘清职业资格制度与职称制度在功能定位、适用范围、评价标准等方面的边界（表 5 - 5）；

（3）以制定国家资历框架为契机，推进学历学位证书与职业资格证书在资格等级划分上相衔接。

美国加利福尼亚州工程师资格等级与职称等级设置具有一定的代表性，其处理职称与职业资格、职业资格与学历学位关系的做法值得借鉴（表 5 - 6）。依据加州专业工程师法案规定，专业工程师分为实习工程师和专业工程师两个级别，经过认证，其学术头衔、专业头衔受法律保护。而职称等级是用人单位（企业）根据自身人力资源管理的需求和特点，划分工程师岗位的级别，体现工作职责与薪酬待遇，这种级别的划分不是州政府统一的要求，不具有强制性，每个企业对工程师级别的命名和划分级别有自主权。经过对美国 O* NET 岗位名称库、美国热门招聘网站的调查统计，职称等级通常为助理工程师、工程师、高级工程师、首席工程师和总工程师。

表 5 - 6　美国加利福尼亚州专业工程师职业资格等级系统

名称（头衔）	与学历学位衔接	考试考核
实习工程师（Engineer Intern）	获得经 ABET 鉴定的 4 年工程教育本科课程或以上学历	FE 考试
专业工程师（Professional Engineer）	经 ABET 鉴定的 4 年工程教育本科课程或以上学历、通过 FE 考试的实习工程师	4 年或 4 年以上工作经验 + PE 考试

4. 认证流程

建议借鉴国际经验和中国科协所属学会实践探索，完善我国工程师资格认证工作流程（图 5 - 10）。

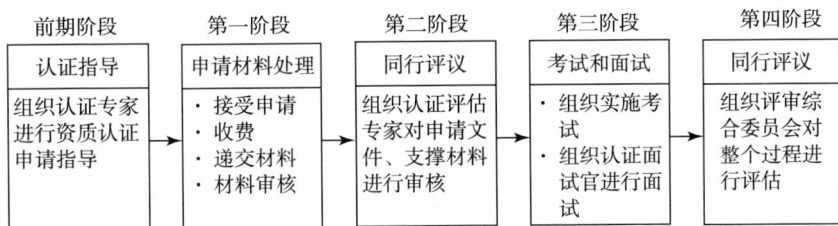

图 5 - 10　工程师注册认证工作流程

5. 政策建议

科学界定工程师职业资格和职称的功能定位和适用范围。在资格认证方面，突出职业化、专业化、社会化和国际化导向；在职称改革方面，突出职务管理、单位管理和自主管理导向。

尽快完成相关机构建设，启动工程师注册制度试点。建立健全科协系统工程师资格证书认证管理制度，明确工程师资格认证工作的功能作用以及资格分类、职业范围、设置权限、标准程序、管理体制和权责关系。加强对工程师资格证书名称、样式和标识管理与保护。

适时启动工程师国家资历框架的编制工作。以制定国家资历框架为契机，以职业分类为基础，分类制定工程师职业标准。

建立工程师职业发展状况监测评估制度，适时提出职业分类和职业资格目录清单动态调整建议。完善公共服务，借鉴美国 O*NET 经验，建立工程师职业信息和资格证书信息公共服务网络平台。

促进专业发展，加强职业资格证书与继续教育、会员管理、行业自律和职业诚信等制度的关联复合。

总结我国成功加入《华盛顿协议》的工作经验，研究论证我国加入《工程师流动论坛协议》《APEC 工程师计划》等国际职业资格认证体系的必要性和可行性，尽快拿出行动方案，启动相关工作。

第六章 科学合理界定专业领域研究

根据人社部《2015 年度人力资源和社会保障事业发展统计公报》提供的数据，截至 2015 年年底，全国累计共有 1 797 万人取得各类专业技术人员资格证书，他们分布在国民经济的各行各业和科研机构、高校，用自己的专业所长服务于国家经济建设和产业创新发展。同时，随着我国经济社会发展、科学技术进步和产业结构调整，我国的专业技术领域构成和内涵发生了很大变化，人才流动也已经从业内流动为主转向业内流动和跨产业流动并举，由此提出了职称证书和水平评价证书的"专业指向性"要求，即这些证书不仅要能够表明持证者的专业水平，也应能够表明持证者的专业特长。

因此，科学合理地界定专业领域，不仅是实现落实"两办 15 号文"的需要，也是实现对专业技术人员进行分类管理的重要基础。

本章试图从我国职业、学科及专业分类的角度，提出符合社会和行业认可的专业分类的基本思路，为专业技术人员评价工作的有序开展提供基础。

6.1 国内外职业分类现状

6.1.1 我国职业分类的现状

《中华人民共和国劳动法》规定：国家确定职业分类，对规定的职业制定职业技能标准，实行职业资格证书制度，具体由人社部负责制定及实施。

我国的职业分类体系是借鉴国际劳工组织颁布的《国际标准职业分类》基本原则和描述结构，借鉴发达国家的职业分类经验，并根据我国国情建立的，按职业属性分别设定划分依据。

到目前为止，我国职业分类体系建设经历了两个阶段，1999 年我国颁布了第一版《中华人民共和国职业分类大典》；2015 年在第一版的基础上修订增补形成第二版《中华人民共和国职业分类大典》（即 2015版《国家职业大典》）。

2015 版《国家职业大典》确定的职业分类结构为：8 个大类、75个中类、434 个小类、1 481 个细类（职业）（表 6 - 1）。

表 6 - 1　2015 版《中华人民共和国职业分类大典》的职业分类结构①

	大类	中类	小类	细类（职业）
第一大类	党的机关、国家机关、群众团体和社会团体、企事业单位负责人	6	15	23
第二大类	专业技术人员	11	120	451
第三大类	办事人员和有关人员	3	9	25
第四大类	社会生产服务和生活服务人员	15	93	278
第五大类	农林牧渔业生产及辅助人员	6	24	52
第六大类	生产制造及有关人员	32	171	650
第七大类	军人	1	1	1
第八大类	不便分类的其他从业人员	1	1	1
合计		75	434	1 481

2015 版《国家职业大典》"第二类专业技术人员"的职业分类包括

---

① 　国家职业分类大典和职业资格工作委员会《中华人民共和国职业分类大典（2015 年版）》。

11 个中类、120 个小类、451 个职业①，其划分依据是：

遵循职业分类一般原则和技术规范，并根据我国经济、社会和科技发展现状，着重考虑职业的专业化、社会化和国际化水平；

中类的划分基于我国行业发展业态，参照国民经济分类，以职业活动所涉及的经济领域、知识领域以及所提供的产品和服务种类；

小类是中类划分的细化，与中类划分的原则基本一致；

细类（职业）的划分以工作分析为基础，以职业活动领域和所承担的职责、工作任务的专门性、专业性与技术性，服务类别与对象的相似性，工艺技术、使用工具设备或主要原料、产品用途等的相似性，同时辅之以技能水平相似性。

6.1.2 国际职业分类现状

6.1.2.1 联合国《全国经济活动的国际标准产业分类》

《全国经济活动的国际标准产业分类》（以下简称《国际标准产业分类》）是生产性经济活动的国际基准分类，其主要目的是提供一套能用于此类活动编制统计数据的活动类别，同时也为各国制定国家活动分类提供指导，是国际经济活动统计数据的一项重要工具。

我国发布的《国民经济行业分类与代码》就是参照《国际标准产业分类》而制定，因此产业划分与包括"经济合作与发展组织"（OECD）在内的大多数国家基本一致。

6.1.2.2 国际劳工组织《国际标准职业分类》

国际劳工组织 2008 年颁布了《国际标准职业分类》（ISCO－08），是对 1988 年《国际标准职业分类》（ISCO－88）的更新，ISCO－08 对职业进行分类所采用的基本标准是承担相应的任务或职责所需的"技能水平"和"技能的专业程度"，这很好地体现了社会经济与科技的发展。对于国家来说，通过考察其社会职业结构的变化，能够客观反映出该国社会经济与科技的发展水平。

---

① 详见附录二。

课题组认为，比较《国际标准职业分类》，我国的职业分类系统在分类标准上有着明显缺陷，它以工作性质的统一性为基本原则，但在各个层次的分类标准上是不统一的。

6.2　国内外学科体系现状

6.2.1　我国学科体系构成

我国的学科体系由高等教育及基础研究两部分构成。具体包括三个子体系：

（1）普通高等院校本、专科教育学科体系，其目标是培养具有学科基础理论知识的人，以《普通高校本、专科专业目录》的学科划分与设置为标志；

（2）高等院校、科研院所的硕士、博士学位的学科教育体系，其目标是培养高层次人才，兼具基础性学科研究功能，以《授予博士、硕士学科专业目录》的学科划分与设置为标志；

（3）国家自然科学基金项目（NSFC）的基础性研究学科组织管理体系，它通过学部及其学科的设置、资助与管理来支持基础性学科的研究，以 NSFC 的学科划分与设置为标志[1]。

课题组认为，这三大体系中的学科分类无论是从学科规范性还是从学科逻辑性方面都存在各自的缺陷和时代局限性。以 2015 年颁布的《普通高等学校高等职业教育（专科）专业目录（2015 年）》（以下简称《2015 版专业目录》)[2] 为例，具体说明如下。

《2015 版专业目录》是高等教育工作的基本指导性文件。它规定专业划分、名称及所属门类，是设置和调整专业、实施人才培养、组织招生、授予学位、指导就业、进行教育统计和人才需求预测等工作的重要依据，也是社会用人单位选用高等学校毕业生的重要参考。其修订参考

---

① 百度百科《中国国家自然科学基金学科分类目录》。
② 详见附录二。

了《国民经济行业分类（2011）》《三次产业划分规定（2012）》、2015版《国家职业大典》和《中等职业学校专业目录（2010 年修订）》《普通高等学校本科专业目录（2012 年）》等相关资料，以产业、行业分类为主要依据，兼顾学科分类进行专业划分和调整，原则上专业大类对应产业，专业类对应行业，专业对应职业岗位群或技术领域，主要特点如下：

（1）设置了"专业方向举例""主要对应职业类别""衔接中职专业举例""接续本科专业举例"四项内容；

（2）专业大类维持原来的 19 个不变，排序和划分有所调整；专业类由原来的 78 个调整增加到 99 个；专业由原来的 1 170 个调减到 747个；列举专业方向 749 个、主要对应职业类别 291 个，衔接中职专业306 个，接续本科专业 344 个。

这些调整旨在通过推动专业设置与产业需求对接，课程内容与职业标准对接，教学过程与生产过程对接，毕业证书与职业资格证书对接，职业教育与终身学习对接，促进高等职业教育更好地服务经济社会发展和人的全面发展。

课题组认为，这三大体系中的学科分类，无论是从学科规范性还是从学科逻辑性方面都存在各自的缺陷和时代局限性。首先，随着经济社会的快速发展和战略新兴产业的兴起，单一地以学科为分类依据的学科组织已无法适应经济社会的快速发展，而逐渐趋向于以跨域多学科的研究主题和领域而建立起来的交叉学科。正确处理学科专业化和交叉融合两个趋势，探索学科发展规律与社会需求的相互联系与制约。其次，专业划分应根据我国的现实需要，适应现代科学技术发展的水平和趋向，同时也要考虑我国在国际经济中的责任，以国际接轨为立足点，促进我国科技人才在国际发展中的积极作用。

6.2.2 美国高等院校学科设置情况

美国属于地方分权制国家，各州高校都有相对独立的学科专业设置选择权。美国从国家层面提供一个参考选用的学科专业目录（CIP –

2000 学科专业设置情况总表)①，包括研究生专业、本科专业、专科专业、职业技术专业等。各个高校均可以通过该目录选择开设的学科专业，同时也可以通过行业机构来补充，确定本校的学科与专业。另外，美国学科专业设置以"统计、归纳模式"作为设立和增减的依据。

6.2.3　俄罗斯高等院校学科设置情况

俄罗斯联邦教育部发布了《2000 版学科专业、方向目录》②，该目录在学科专业设置上兼顾国情与国际接轨的问题，学科设置整体上"大而全"，但重叠严重。各高校原则上有一定的自由度，但实际上可供高校选择的空间不大。俄罗斯学科设置具有一定的国际适应性，这也充分体现了俄罗斯学科设置处于国际化转型期的实际情况。

德意志学术交流中心代表德国 231 所高校和 128 个大学生团体，提供德国高校学科专业设置信息。该信息具有较好的高校学科设置针对性，能够体现出德国高校学科专业设置的基本情况。从数量上看，德国高校学科专业设置具有综合性特点，也参考了美国 CIP–2000 学科设置的门类。

6.3　对我国专业领域分类的建议

6.3.1　基本思考

专业技术人员所从事的行业覆盖国民经济的各个方面，包括 IT/通信/电子/互联网、信息类、制造业、农/林/牧/渔、建筑业、能源/原材料、交通/运输、矿业、专业服务、环保、新材料、食品卫生等。随着经济和技术的发展，每个工业领域的专业技术人员队伍也都是由不同专业背景的人员组成。以汽车工业为例，随着汽车电动化、智能化和轻量化技术的发展，拥有车辆、机械制造、机电一体化、材料、电子、信息

---

① 上海交通大学高教研究所《美国学科门类设置情况》。

② 富学新等《美、英、俄、德高校学科专业设置对我国体育学科体系建设的启示》。

等不同背景的人员组成了汽车科技人才队伍。鉴于此，专业水平评价工作中的专业领域分类方法必须满足以下要求。

满足评价工作有序开展的需求。应基于我国传统产业转型升级和新兴产业快速发展，面向人才培养专业化、现代化、国际化发展趋势需要，解决现有分类主要面向"体制内"人群、体系僵化、评价指标和评审过程粗放、不能适应社会化和产业化需求等通病。目前国际通行的人才培养专业设置和人才评价模式，一般都是依靠第三方专业化社团来实施专业设置指导和具体评价过程。这种专业分类模式的主要特点是，面向一线岗位需求，对现行人事管理体制中的传统职业分类进行补充和优化，特别适用于工程型、创新型、应用型、转化型专业人才的评价和选拔需求，可以充分满足非公经济、新兴领域、国际化需求。

满足用人单位选人用人的需求。应在我国科技发展的基础上，在社会生产实践中，划分具有职业生涯相似性的典型群体，归纳其在相对较长时期内从事的具体作业的规范。这一角度主要突出专业的岗位属性，主要用于企事业单位的招聘、评估、薪酬等人力资源管理需要。这种专业分类模式常见于以企业人才服务为主的社团组织。

满足服务产业创新发展的需求。应从与我国现行高等教育学科专业人才培养相结合、弥补高校人才培养在职业化、产业化、专业化等环节的不足出发，构建从"文凭"到"资质"的人才专业技术分类体系。通过这种专业分类模式，以就业为导向，将更多的企业和行业需求导入院校教育，常见于各社会团体与高校合作办学中所设置的新型专业和实训课程中。

6.3.2 基本原则

1. 服务大局原则

以国家发展需要和社会需求为导向，以社会功能和技术范围为依据，健全科学的专业分类体系，建立各类专业技术领域能力素质标准，以适应人才评价及流动的需求。

2. 分类有据原则

专业领域分类不仅是学术问题，而且具有很强的政策性和行业导向性，因此在进行专业领域分类时，特别是在分类的框架设计上，应当严格依据国家法律、法规及有关政策。对于那些根据行业发展衍生出来的交叉专业进行分类更要做到有据可依，同时也要为交叉学科和新兴学科留出发展空间，这样才能使专业领域分类具有较强的参考价值。

3. 以人为本原则

专业领域分类是对人才工作基础性、全局性的谋划，具有政策性、长期性、综合性等特点，必须坚持以人为本的原则，从建立健全科学合理机制、完善专业领域服务保障体系入手，努力为人才评价营造良好环境。

4. 动态修订原则

随着社会的发展进步，专业领域的活动内容和方式、职业的属性和内涵都发生着显著变化，应根据专业技术领域的发展特点和趋势，结合新兴产业、行业、企业与岗位需求，重新界定专业领域划分，如当前热点大数据、云计算、物联网等。

5. 国际接轨原则

随着我国对外开放的不断扩大和国际交往的逐步加深，我国专业领域分类在反映中国特色国情的基础上，也应该考虑国际上发达国家专业领域分类的惯例，以及一些比较成型的方法、规则和标准等，这样更有利于多方国际交流与合作。

6.3.3 基本思路

专业分类涉及的因素很多，不可能一蹴而就。为解决开展评审和评价中的专业领域交叉问题，应从理顺以下关系入手，建立科学合理的专业领域分类。

1. 梳理《国家职业大典》与学会专业领域间的关系

《国家职业大典》是开展专业水平评价工作的基础依据，全国学会是在中国科协领导下推进中国工程师国际互认工作的重要支撑力量。因此，认真梳理《国家职业大典》与学会专业领域间的关系，不仅是推进专业技术水平评价工作的需要，更是推进实现中国工程师国际互认的需要，也将对中国大陆地区就业专业技术人员来源日益多元化的大背景下优化人力资源管理发挥重要作用。

鉴于各学会涉及的专业领域越来越多和越来越广，各学会应将自身专业领域与职业大典中的职业系类对照分析，在此基础上，做好学会间的协调和协同。即如果在某一职业类中出现有多个学会工作领域交叉现象，可以由这些学会通过联合协作的方式解决交叉问题，从而规避专业交叉对工作开展的影响。

2. 理顺专业水平评价与工程教育专业认证之间的关系

工程教育认证是国际通行的工程教育质量保障制度，也是实现工程教育国际互认和工程师资格国际互认的重要基础。它不仅为中国高等教育走向世界、中国工科学子走向世界打下基础，同时也意味着在对我国就业市场中持海外学历者的学历认可。

因此，在考虑专业水平评价的专业设置时，有必要在工程教育认证专业划分的基础上，借鉴工程教育发达国家的职业分类，效仿 CIP - 2000 的原则，建立一套科学合理且操作性强的专业领域设置、增加、删减及调整规范。同时尽可能使用国际通用名称，以便国际交流与人才流动。

3. 体现新兴学科、交叉学科及国际化学科的发展

当今世界，新技术发展呈现以下两个趋势。

一是越来越多的新技术突破得益于学科交叉融合。随着科学的发展，仅凭某一专业领域的研究已很难解决现实中复杂的工程问题，这为新兴学科和交叉学科设置留出发展空间，也为新技术革命和产业变革提供了条件。以汽车工程技术为例，对汽车安全、节能、环保的需求，催生了汽车电动化、智能化和轻量化技术的发展。

二是每个学科都在不断延展细化，衍生出众多学术方向。以化工技术领域为例，对环保和低成本的需求，催生了无机、有机、精细、高分

子、生物化学和循环再生技术的发展。

因此，在专业技术人员水平评价专业领域构建中，必须重视在新兴技术领域、交叉技术领域和衍生技术领域的部署，形成多学会联动机制，建立健全科学合理的资源配置和评价制度，包括相关教育体系的建立、研发体系的建立和人才评价体系，待条件成熟时成为新设立的专业领域。

第七章 工程技术人员专业水平评价标准研究

我国现行的职称（含职业资格，下同）制度虽然在我国人才评价中发挥了重要作用，但已经不能满足经济形态多样化和国际化的需求，专业技术人员得不到合适的职称或职业资格，限制了专业队伍的发展。

近年来，在全国学会推进专业水平评价的探索中，以现有职称制度为基础，对评价标准进行了优化，但与社会需求仍然存在一定差距，研究并建立更为符合时代发展的专业水平评价标准，对促进我国人才队伍建设，满足经济发展的需要具有重要意义。

本章试图以工程技术领域为切入点，通过对我国现有职称评价和工程师资格认证的标准及其时代局限性的分析，总结国际上工程师评价标准和目前我国研究职称评审的方法学进展，结合我国职称的发展历史、公众价值取向和工程师国际互认的发展趋势，提出适合时代的工程师专业水平评价标准的建立原则，并探索建立相应的标准。

7.1 基本定义

工程，是为了完成人类设想的目标，应用数学、自然科学知识和技术手段，通过一群人有组织地工作，将某个或某些自然的或人造的现有实体转化为具有预期使用价值的人造产品的过程。

工程专业技术人员是从事工程的专业人员，接受过长期的专业学习和专业训练，具备其他人所不具备的专业知识和技能，在专业领域内比他人更有资格从事工程系统设计、产品研发、生产制造、售后服务、应用操作、工程管理、技术评估等工作。

关于工程技术人员的分类，国际上并无定论。

从当前国际公认的工程技术人员的价值角度分析，可以将工程技术人员分为四种类型：工程科学家、革新发明家、现场工程技术人员、技术规划和管理工程技术人员。

欧洲经济共同体的学者建议把工程技术人员分为理论工程技术人员、联络工程技术人员、实施工程技术人员三种类型。

苏联高等教育界于 1984 年开展了"21 世纪的工程师"的讨论，一些学者主张对未来工程技术人员进行分类培养，建议分成三类：研究型工程技术人员、设计型工程技术人员和组织型工程技术人员。紧接着，苏联高教部提出一系列改革措施，其中主要的一条就是将工科大学生分类培养。

根据我国当前人才培养和使用环境，本课题认为，工程技术人员可根据岗位类型分为四种，即工程实施型、应用开发型、学术研究型和经营管理型。

工程实施型，指那些在生产第一线从事生产实施、产品设计、工艺开发和技术指导的工程技术人员。他们解决生产第一线中出现的各种技术问题，保证了各种复杂工程系统的建造和正常运转。这类人才在工程技术人员中数量最多。

应用开发型，指那些从事新产品、新技术、新工艺、新材料和新设备研究开发的工程技术人员。他们能运用现代科学知识进行发明创造、技术开发、设计开发、设计制造。

学术研究型，指那些从事基础科学和技术科学研究的工程技术人才。他们的基本职责是提出具有工程实际意义的新理论和新方法，为以上两种工程师的工作提供新的思路和理论依据。

经营管理型，指那些从事制定工程发展规划与技术政策，领导和管理本行业或企业研发、生产及经营工作的工程技术人员。

工程技术人员是经济建设、科学昌明和文明进步的重要力量，社会期待他们在所从事的专业领域内运用掌握的知识和技能谋求社会福祉，同时也期望他们在为社会谋福的过程中表现出高标准的诚信。他们自身也有个人职业发展的内在需要，期望以自己的专业特长和对社会的贡献获得社会承认和尊重。因此，工程技术人员的基本素质构成包括以下主要内容：①道德素质。②心理素质。③业务素质。包括知识面宽厚，基础扎实，适应性强，有创新意识和创新能力；具有很强的适应能力；树立终生学习的思想；具有合作与竞争的能力。④技术素质。包括信息吸收能力、信息加工能力和信息输出能力。⑤文化素养与哲学思辨能力。

面对 21 世纪的科技革命和产业重构，一名成熟的工程技术人员需要拥有一种新的"大工程观"，其专业素质应体现在以下 6 个方面：①能正确判断和解决工程实际问题；②具有更好的交流能力、合作精神以及一定的商业和行政领导能力；③懂得如何去设计和开发复杂系统；④了解工程与社会间的复杂关系；⑤能胜任跨学科的合作；⑥养成终生学习的能力和习惯。

因此，针对工程师的专业水平评价，既是对工程技术人员已有知识与技能的认定，也应发挥引导和激励其成长的作用。

7.2　国内现状分析

人社部是职称制度的业务主管部门，其与行业管理部门是职称评审的授权部门，也是职称标准制定和评审管理的主要机构。我国目前职称评审主要由人社部（包括地方人社部门）、企业、科研机构与大专院校、全国学会等部门或机构组织和实施，它们各自制定有不同的标准和评审程序。

7.2.1　人社部专业技术资格评定办法与评审条件

目前我国职称评价工作执行的标准主要是原人事部于 1994 年 10 月

31 日发布的《专业技术资格评定试行办法》（以下简称《办法》）①。《办法》规定了专业技术资格评定的总则、组织、评审方法，是我国现行专业技术资格评定的权威文件，其他评定办法都是由该文件衍生出的。

该文件第十七条规定的资格评审的基本程序是：评议组根据各专业技术资格的标准条件对申请人的申报材料进行初审，包括必要的考核、答辩等，测定其实际水平，并写出初审意见。不设评议组的，由评委会委员分工负责上述工作，对于每个申请人的考核、答辩，每次必须有三名以上委员出席进行。

具体的评定标准由人事部和具体行业主管部门共同制定。例如，原人事部和原机械工业部于 1994 年 4 月 28 日联合发布的《机械工程、电气工程专业中、高级技术资格评审条件（试行）》②，规定了中、高级技术资格评审条件。

以仪器仪表工程师为例。在申报条件中规定了对申请人职业道德、敬业精神、遵守法律的要求，对学历的要求（申报工程师必须是大专以上学历）和对工作资历的要求（学历不同对工作年限要求也不同）。文件专门规定了对获取及处理信息的能力要求，但只包含对外语能力和计算机能力的要求；把外语能力归类到获取信息的能力范畴而不是语言表达能力的范畴；对外语能力的要求只是要在 2 小时内正确翻译 3 000～5 000 字符。在第二大部分（分则）的评审条件中，对申请人的专业理论知识、工作经历和能力、业绩和成果作出了明确规定。

7.2.2　地方人社部门针对特定人群制定的专业技术资格评价标准方法

我国一些地方人社部门或开发区，出于发展当地经济的需要，针对地区政府人才引进政策，专门制定了针对特定人群的专业技术资格评价

①　人事部《专业技术资格评定试行办法》（人职发〔1994〕14 号）。

②　人事部、机械工业部《机械工程、电气工程专业中、高级技术资格评审条件（试行）》（人职发〔1994〕6 号）。

标准和评价方法。

以北京市为例。为加快中关村人才特区建设，进一步促进中关村高端领军人才队伍发展，针对中关村国家自主创新示范区高端领军人才专业技术资格评价工作，北京市人力资源和社会保障局于 2011 年 5 月 11 日发布了《中关村国家自主创新示范区高端领军人才专业技术资格评价试行办法》（以下简称《办法》)[①]。

该《办法》坚持以能力、业绩和贡献为导向，遵循企业认可、业内认同、独立评价、公平公正、简便快捷的原则。对获得过国家奖励和成果转化成绩突出者，不再需要参加职称外语和计算机应用能力考试，可直接申报北京市高级工程师（教授级）专业技术资格。

操作层面，制定了《中关村国家自主创新示范区高端领军人才专业技术资格评价量化标准》，采用量化表方法，分成三级指标，第一层为评价项目，包括学识经历、技术创新、工作业绩、技术水平；第二层为评价要素，包括教育背景、专业经历、创新成果、创新水平、项目成果、专业成就、专业领先程度、成果转化水平 8 项指标；第三层为评价内容，共 32 项指标。对每个二级指标规定了权重，每个三级指标规定了分值。

7.2.3 全国学会专业技术人员专业水平评价工作进展

2005 年 6 月，按照国务院领导的批示，由原人事部牵头组建成立了"全国工程师制度改革协调小组"，原人事部为组长单位，中国科协、教育部、建设部、中国工程院为副组长单位。该协调小组下设制度研究工作组（由中国工程院牵头）、国际交流工作组（由中国科协牵头）。中国科协的主要任务是牵头参与综合性国际工程师组织举行的活动，促进相关领域的国际互认。为配合这一工作的实施，中国科协所属多个全国学会，陆续启动了以推进同行认可为目标的工程师专业技术水平评价体系建设工作，为今后实现中国工程师国际互认奠定工作基础。

---

① 北京市人社局《中关村国家自主创新示范区高端领军人才专业技术资格评价试行办法》（京人社专技发〔2011〕113 号）。

近年来，随着国家职称制度改革步伐的加快，全国学会按照国家的总体部署、"两办15号文"和人社部《行业组织有序承接专业技术人员水平评价类职业资格具体认定工作实施办法（试行）》（部发〔2016〕3号）文件要求，进一步明确了工作定位，即为会员服务，充分发挥全国学会组织优势和专家优势，以做大做强同行认可体系为根本，以承接政府转移职能为契机，探索社会化治理模式与方法，在中国科协的正确领导下，充分调动学会群成员的积极性和创造性，坚持走内涵发展道路，不断提升自身水平评价服务能力，持续满足广大专业技术人员、用人单位和社会各界的服务需求。

全国学会在推进水平评价工作方面的积极行动，顺应了我国工程师制度改革和政府职能转移的方向，满足了专业技术人员成长需求和人才流动需要。在十余年的工作中，全国学会初步建立起了科学、公正且有序的工作体系，在大量研究工作的基础上，制定了既与国际接轨又贴近国内需求的工程师能力评价标准，建立了既有导向作用又切实可行的评价流程和方式，实现了全国学会、地方科协、地方学会、会员单位和科技工作者的联动，并借助多个全国学会承担工程教育认证秘书处工作的契机，将工程师专业技术水平评价工作与其有机结合，为推进工程教育改革发挥了重要作用。

2015年学会群成立，在群内实行统一评价标准、统一工作流程和方式，为确保评价工作质量和实现群内证书互认、交叉领域的协同提供了保障。同时，全国学会的理事会和监事会也在明确工作方向、管控评价质量方面发挥了重要作用。全国学会工程师专业水平评价工作专业领域设置如表7-1所示。

表7-1 全国学会工程师专业水平评价工作专业领域设置

全国学会名称	专业水平评价名称	细分专业领域
中国机械工程学会	机械工程师水平评价	机械，机械设计，物流工程，材料热处理，包装与食品机械，工业工程，设备，锻压，铸造

续表

全国学会名称	专业水平评价名称	细分专业领域
中国汽车工程学会	汽车工程师水平评价	汽车产品工程，汽车制造工程，汽车电子电器工程，汽车材料工程，汽车诊断工程，汽车营销工程，汽车管理工程，汽车造型
中国电机工程学会	• 动力工程师水平评价 • 电气工程师水平评价	
中国电工技术学会	电气工程师水平评价	
中国制冷学会	制冷工程师水平评价	
中国仪器仪表学会	测量控制与仪器仪表工程师水平评价	
中国电子学会	电子设计工程师水平评价	电子信息，计算机，机器人
中国计算机学会	计算机软件能力认证	
中国公路学会	道路工程师水平评价	养护工程师，桥梁工程师
中国航空学会	• 失效分析专业人员水平评价 • 航空材料检测与焊接专业人员水平评价 • 民航飞行人员职称评定	无损检测，分析化学，物理冶金，金属力学性能，非金属性能，焊接技术，失效分析
中国腐蚀与防护学会	防腐蚀工程师水平评价	腐蚀与防护学科研发，工程，管理
中国建筑学会	中国 APEC 建筑师专业资格认证	
中国食品科学技术学会	食品专业工程师水平评价	
中国电影电视技术学会	广播电视行业电子信息专业工程师水平评价	广播中心工程，电视中心工程，数据网络工程，传输覆盖工程

续表

全国学会名称	专业水平评价名称	细分专业领域
中国通信学会	通信类工程师水平评价	
中国粮油学会	国家粮食局自然科学研究系列工程系列高级专业技术职务任职资格评定	
中国纺织工程学会	纺织工程师水平评价	棉纺织、针织

截至 2016 年年底，上述全国学会（表 7 - 1）已累计向超过 15.7 万名学会会员颁发了水平评价证书，其工作的基本特点如下。

其一，作为服务会员职业发展的重要工作平台，面向本学会会员开展工作，尤其在非公领域和新兴技术领域开展工作（表 7 - 2），为在这些领域从业的专业技术人员获得能力评价提供了有效渠道；

其二，以人社部职称评审制度为基础，对评价标准和流程进行了优化，突出了能力导向，更强调申请者解决实际问题的能力；

其三，在评价方式上实现了真正意义上的同行认可，最大限度地消除了不同地区间、不同单位间因相关产业发展水平不同造成的评价结果差异，并在实现证书地区间互认和建立证书实效性等方面取得了成功经验；

其四，除少数地区外，多数评价证书的持证者无法实际获得相关的退休待遇，但由于全国学会在行业的影响力、社会公信力和评价流程的科学性、公正性，全国学会评价证书得到了部分企业的采信或成为一些非公企业人员"不得不"的选择。

表 7 - 2　全国学会非公领域和新兴领域开展水平评价工作情况

全国学会名称	非公领域占比	新兴领域占比
中国汽车工程学会	60%	8%，以智能网联汽车、新能源汽车、汽车造型为主
中国电机工程学会	15%	
中国电工技术学会	100%	

续表

全国学会名称	非公领域占比	新兴领域占比
中国制冷学会	85%	22%，以冷链领域为主
中国仪器仪表学会	95%	10%，以清洁能源、智能制造为主
中国电子学会	1%	5%，以机器人、数据中心为主
中国公路学会	40%	30%，以养护新材料为主
中国航空学会	10%	5%，以保险、无人机、通航等为主
中国腐蚀与防护学会	65%	15%，以耐腐蚀新材料、新技术、新工艺、新技术研发为主
中国食品科学技术学会	99%	
中国电影电视技术学会	100%	
中国粮油学会	14.8%	
中国纺织工程学会	100%	

借助已搭建的这一工作平台，全国学会积极推进与国际同行、国际组织间的对接和双方互认。其中：

中国机械工程学会对接英国工程技术学会（IET）和英国营运工程师学会，开展了中国机械工程学会机械工程师、高级工程师与英国特许工程师、英国技术工程师的互认试点；

中国汽车工程学会对接国际汽车工程师学会联合会（FISITA），积极推进将中国汽车工程师能力标准转化为国际标准的工作；

中国电机工程学会对接英国工程技术学会、香港工程师学会，与英国工程技术学会开展了互认工作；

中国仪器仪表学会对接英国皇家测量控制学会，正在共同探讨实现工程师资格国际认证与工程教育认证相结合的途径；

中国电子学会对接 IEEE，与 IEEE 在嵌入式系统培训内容上进行融合，探索以新的合作模式推进后续的认证合作；

中国公路学会对接国际路联，建立了年度交流合作机制；

中国航空学会的航空材料检测与焊接人员水平评价工作已与美国、英国、法国和德国的相关组织进行深入合作，整体工作受到充分肯定；

中国建筑学会对接 APEC 建筑师项目中央理事会；

中国食品科学技术学会正尝试与国际食品科技联盟、美国食品科技学会相关部门对接。

7.2.4　我国现有职称评价标准和方法的特点与不足

如前所述，我国目前职称评价标准和方法基本上是以人社部的标准化方法为主导，虽然地方人社局和全国学会针对地区政策或行业特点有所修改，但职称评价的基本评价维度和评价方法是一致的。

从方法学的角度，评审标准采用的均是层次分析法，所分解的维度有：道德和法律、学历、资历、外语、计算机、专业理论知识、工作经历、业绩和成果等。采用的评价方法基本是考试（或面试），辅以专家评价的方法。

从评价组织的角度，专业技术人员职称评价仍然在政府的全面掌控之下，行政体系仍然扮演着重要角色，国际通行的发挥科技社团作用的做法在我国尚处于探索和尝试阶段，全国学会的组织优势和同行专家优势未能得到充分发挥。

评价标准中，对计算机水平要求显露出过时的时代痕迹。在 20 世纪 90 年代，计算机还是新鲜事物，但现在计算机已经十分普及，尤其是新生代专业技术人员，计算机与互联网的应用能力已经成了基本生存能力，已经失去了考核的必要。

人社部的职称具有地域性或单位性。由于执行不同的职称标准或单位评审中的名额限制或人脉关系，一地或一个单位评出的职称，其他地域或其他单位可能不承认，不利于人才流动。

现有职称是终身制，一旦获评，终身不变，具有学历学位的性质。缺乏对专业技术人员持续发展的要求，职称获得者缺乏继续教育和业务能力持续提高的动力。

现有评价标准和方法把专业技术人员看作孤立的个体，没有看到相同专业的技术人员所形成的专业人员共同体，从而忽视了共同体文化在专业技术人员成长中的作用，缺失了对专业技术人员个体贡献专业人员共同体的要求。造成的后果是，技术人员缺乏与同行交流、带徒弟、恪守职业道德的内在动力和外在压力，不利于专业技术队伍建设。

7.3 工程技术领域专业技术水平评定的国际通行方法

他山之石可以攻玉，研究和借鉴老牌工业国家和现代工业发达国家的现行工程师制度，对于我们理解工程师资格的深刻含义从而制定更加合理的评价标准大有裨益。

7.3.1 英国工程理事会（ECUK）工程师标准

英国负责职业工程师注册的权威组织是英国工程理事会（Engineering Council of United Kingdom，ECUK），它是由英国枢密院审核批准成立的一家特许机构，与英国工程界有着密切联系。英国主要的工程协（学）会都是其会员。它与这些会员协会合作管理英国职业工程师的注册工作[1]。

在英国，注册工程师分三种类型，从高到低依次为：特许工程师（Chartered Engineers，CEng）、联合工程师（Incorporated Engineers，IEng）和工程技师（Engineering Technicians，EngTech）[2]，对上述三种工程师的职责定义、评审标准和参考评审方法给出了详细解释。

特许工程师是技术界和工程界的引领者，要求其具有开发和创造新技术、新方法、新思想，并将这些技术、方法、思想恰当地应用于解决实际问题的能力；联合工程师是现有技术的解说者，要求其能管理和维持技术的使用，参与方案的设计和开发；工程技师是已有技术和方法的应用者，负责产品的设计、开发、生产、委托制作、操作和维护，负有

---

[1] 韩晓燕、张彦通《英美工程师注册制度的级别划分研究》。

[2] UK Standard for Professional Engineering Competence. Engineering Council.

监督和安全责任，在特定的领域可以发挥其创造性。

工程师评审标准涵盖工程师的专业知识、解决实际工程问题的能力、技术与经济管理能力、人际交流能力和职业道德五大方面，对每个方面又给出了详细的评价指标和可资参考的评价方法。

（1）综合运用一般和专业工程技术知识，优化使用现有技术和新技术的能力；

（2）应用理论和实用方法解决实际工程问题的能力；

（3）技术管理和商务管理的能力；

（4）人际交流能力；

（5）职业承诺和对社会、职业和环境的责任。

此外，标准中还给出了工程师执业过程中应该坚守的职业伦理准则、风险管理、可持续发展和继续教育等方面的要求。

从方法学角度看，ECUK标准采用的是层次分析法，整个标准分五类两层。

相比我国人社部的标准，ECUK的标准几乎每一条都是模糊的，没有严格的规定，不是专门从事工程师评价的行家里手甚至难以理解其含义，更不用说如何评价。但经过训练的评审专家能够很好地掌握这些标准，并能够对申请人的能力水平准确地做出判断。可以说，ECUK的标准是行家写给行家看的，其执行需要一支受过专门评价训练的专家队伍。

7.3.2 澳大利亚工程师协会（EA）工程师标准

澳洲工程师协会（Engineers Australia）将工程师分为三大类别，从高到低依次为：职业工程师（Professional Engineering）、工程技术专家（Engineering Technologist）和助理工程师（Engineering Associate）。具体的职业包括：航空、农业、生物化学、建筑、化学、土木、电气、电子、工程科技、工业、材料、机械、矿业、造船、石油、生产行业的工程师。

EA 规定的职业工程师第一阶段能力标准①如下。

1. 知识及技能基础

（1）对适用于工程学科的基本的自然科学、物理学以及工程学基础知识有一个全面的理解，并了解相应的理论知识。

（2）对于工程学所需的数学、数值分析、统计学及计算机信息科学知识有一个概念性的理解。

（3）深度理解工程学科领域的专业知识模块。

（4）能够识别和洞察工程学科领域知识发展和研究的方向。

（5）了解工程设计实践及影响工程学科的背景因素。

（6）在特定工程领域，理解可持续发展工程实践的范围、原则、标准、职责和界定。

2. 工程应用能力

（1）能将既定的工程方法应用于解决复杂工程问题。

（2）能熟练运用工程技能、工具及资源。

（3）能应用系统工程方法整合和设计程序。

（4）能系统研究工程项目的执行与管理。

3. 专业及个人素质

（1）道德行为规范，具有职业素养。

（2）在专业及非专业领域具有较强的口头和书面表达能力。

（3）具有创造和创新能力，做事积极主动。

（4）能够专业化地使用和管理信息。

（5）具有较好的自我约束能力和职业行为。

（6）具有团队合作和团队领导能力。

对上述每项能力组成，均有更为详细的达成指标。例如，对于能力指标"能将既定的工程方法应用于解决复杂工程问题"，其达成指标是：

识别、领悟和描述突出问题，决定和分析因果关系，论证并应用适

---

① 韩晓燕、张彦通《英美工程师注册制度的级别划分研究》。

当的简化假设，预测表现和行为，综合解决策略并形成可靠的结论。

确保工程活动的所有方面都完全基于基本原则——采用基于数据、适当行动、计算、结果、建议、流程、实践的，对已记录的那些可能是无正当理由的、不合逻辑的、错误的、不可靠的或不现实的信息进行诊断并采取恰当行动。

恰当地解决涉及不确定性、模糊性、不精确信息和范围广泛甚至相互矛盾的技术和非技术因素的工程问题。

运用基于研究的知识和方法研究复杂的问题。

将问题、流程或系统分割成可控的元素，以便进行分析、造型或设计，然后重新组合，形成一个整体，并将整个系统的完整性和性能作为最重要的考虑因素。

将可选的工程方法概念化，对比适当标准来评估潜在的结果以证明最优选择方案。

批判地评价和运用工程学科和特定专业的相关标准和行业规范。

识别、量化、减缓和管理在技术、卫生、环保、安全和其他领域中工程应用的相关风险。

解释和运用适用于工程学科的法律和法规。

对于已经获得职称的工程技术人员，EA 规定了继续教育 CPD 要求，要求最近三年一定要接受至少 150 小时的继续教育，而且要有至少 50 小时的专业领域实践活动，至少 10 小时的风险管理活动，至少 15 小时的商业或管理实践[①]。

澳大利亚工程师标准与评价方法与英国理念相同，思路相似，但规定更为具体。

7.3.3 亚太经合组织（APEC）工程师标准

APEC 工程师计划的目的在于方便亚太地区合格工程技术人员的流

---

① Engineers Australia *Continuing Professional Development*（*CPD*）*Policy*. ［M］. Engineerings Australia.

动，试图建立国际性的工程师互认机制①。

APEC 工程师分为毕业生工程师（Graduate Engineer）和职业工程师（Professional Engineer）两种。

对毕业生工程师的要求很简单，只要完成了能满足某个工程领域标准的高等工科教育即可。而对职业工程师，则要求：

（1）合格地完成被认可的技术培训；

（2）通过所在国家或地区内有能力独立工作的评估；

（3）大学毕业后至少 7 年的工作经验；

（4）至少有两年时间负责重要工程技术工作；

（5）保持自身专业技能在一个符合要求的水平。

此外，注册 APEC 工程师申请人必须遵守所在国家或地区的法律和法规，在供职的经济组织内对自身的一切行为负责。

从方法学上看，APEC 对职业工程师的要求也是层次分析法，标准内容上更加模糊。

7.3.4　日本工程师标准

日本工程师是由日本技术士会（JABEE）确认并管理的②。JABEE 是一家拥有法人资格的技术员教育认定机构，会员总数约 1.4 万人，注册技术士总人数约 7 万人。广泛包含工学、理学、农学等技术领域的、日本具有代表性的技术士集体。

JABEE 定义工程师是为了培养"在科学技术方面具有技术性专业知识和高等应用能力以及丰富的实际业务经验，并为确保公共利益应具备技术者高尚伦理的优秀技术人员"而由国家确定的资格认定制度。

工程师是指"在按照《工程师法》第 32 条第 1 项中的规定接受注册后，以工程师的名义在要求具备专业性科学技术高等应用能力的项目

---

① 孔寒冰、邱秧琼《工程师资历框架与能力标准探索》、APEC Engineer Coordinating Committee《The APEC Engineer Manual：The Identification of Substantial Equivalence 2000》和苏列英《APEC 工程师计划与我国人力资源开发》。

② 中国科协国际联络部《日本工程师制度情况介绍》。

中承担规划、研究、设计、分析、试验、评价或对上述工作进行业务指导的人员"。工程师应具备以下条件：

（1）已通过工程师第二次考试，并接受法定的注册手续；

（2）在进行业务工作时使用工程师的名称；

（3）所承担的业务内容应属于与自然科学相关的高级技术范畴（其他受法律限制的业务，如建筑设计及医疗等除外）；

（4）所进行的业务应是连续反复从事的工作。

简言之，工程师是指"具备丰富的实际业务经验和技术性专业知识以及高水平的应用能力，且得到国家承认的高级技术人才"。大部分工程师正在国家、地方政府和企业等组织中发挥着高超的技术能力并履行着业务职责。

助理工程师是指"为进修成一名工程师所必备的技能而按照《工程师法》第32条第2项规定接受注册，并以助理工程师的名义协助工程师处理工程师所涉及的业务的人员"。助理工程师应具备下述条件：

（1）通过工程师第一次考试或在规定的课程培训中获得结业，并确定所要协助的同一技术部门的工程师人选，同时办理好法定的注册手续；

（2）以助理工程师的名义、以配合工程师业务的方式开展业务。

工程师考试分为工程师第一次考试和工程师第二次考试，按照文部科学省法令中确定的技术部门实施。

可以看到，日本的工程师评价更偏向于考试，并对教育背景提出了更高的要求。

7.3.5　工程教育认证标准

工程教育专业认证是目前国际上公认较为成熟的人才评价方法之一，其理念和认证方法可兹借鉴，尤其是其毕业要求中的非技术因素。

工程教育专业认证2015年版的毕业要求是：

专业必须有明确、公开的毕业要求，毕业要求应能支撑培养目标的达成。专业应通过评价证明毕业要求的达成。专业制定的毕业要求应完全覆盖以下内容。

（1）工程知识：能够将数学、自然科学、工程基础和专业知识用于解决复杂工程问题。

（2）问题分析：能够应用数学、自然科学和工程科学的基本原理，识别、表达，并通过文献研究分析复杂工程问题，以获得有效结论。

（3）设计/开发解决方案：能够设计针对复杂工程问题的解决方案，设计满足特定需求的系统、单元（部件）或工艺流程，并能够在设计环节中体现创新意识，考虑社会、健康、安全、法律、文化以及环境等因素。

（4）研究：能够基于科学原理并采用科学方法对复杂工程问题进行研究，包括设计实验、分析与解释数据，并通过信息综合得到合理有效的结论。

（5）使用现代工具：能够针对复杂工程问题，开发、选择与使用恰当的技术、资源、现代工程工具和信息技术工具，包括对复杂工程问题的预测与模拟，并能够理解其局限性。

（6）工程与社会：能够基于工程相关背景知识进行合理分析、评价专业工程实践和复杂工程问题解决方案对社会、健康、安全、法律以及文化的影响，并理解应承担的责任。

（7）环境和可持续发展：能够理解和评价针对复杂工程问题的专业工程实践对环境、社会可持续发展的影响。

（8）职业规范：具有人文社会科学素养、社会责任感，能够在工程实践中理解并遵守工程职业道德和规范，履行责任。

（9）个人和团队：能够在多学科背景下的团队中承担个体、团队成员以及负责人的角色。

（10）能够就复杂工程问题与业界同行及社会公众进行有效沟通和交流，包括设计文稿和撰写报告、陈述发言、清晰表达或回应指令，并具备一定的国际视野，能够在跨文化背景下进行沟通和交流。

（11）理解并掌握工程管理原理与经济决策方法，并能在多学科环境中应用。

（12）终身学习：具有自主学习和终身学习的意识，有不断学习和适应发展的能力。

7.4　我国职称评价方法研究进展

评价学专家邱均平教授说过："没有科学的评价，就没有科学的管理；没有科学的评价，就没有科学的决策。"[1] 职称评价是对人的评价，是一种复杂的评价行为，更需要采用科学的方法来对待。

随着评价学的建立，对科学评价方法在各领域中应用的研究日渐增多，在职称评价中应用的研究也初见端倪，可归纳总结为下列几种，其优缺点分析如下。

7.4.1　层次分析法（AHP）

层次分析法（analytic hierarchy process，AHP）是将与决策总是有关的元素分解成目标、准则、方案等层次，在此基础之上进行定性和定量分析的决策方法。该方法是美国运筹学家匹茨堡大学教授萨蒂于 20 世纪 70 年代初，在为美国国防部研究"根据各个工业部门对国家福利的贡献大小而进行电力分配"课题时，应用网络系统理论和多目标综合评价方法，提出的一种层次权重决策分析方法[2]。其操作步骤是：①建立递阶层次结构；②构造两两比较判断矩阵（正互反矩阵）；③针对某一个标准，计算各备选元素的权重。

莫海平[3]、杨志英[4]等人将该方法用于高校教师职称评定中。其做法如下。

第一步，建立高校教师职称评定层次结构。由于教师职称评定涉及众多因素，按因素的重要程度和从属关系分层次排列（图 7 - 1）。

---

① 邱均平、文庭孝《评价学：理论·方法·实践》。
② 百度百科《层次分析法》。
③ 莫海平《AHP 在高校教师职称评定中的应用》。
④ 杨志英《AHP 在高校教师职称评定中的应用》。

目标层 A   准则层 B   指标层 C

政治态度 C11

思想修养 C12

政治思想 B1 职业道德 C13

教书育人 C14

团结协作 C15

学历 C21

评定对象 基本素质 B2 外语水平 C22

计算机应用能力 C23

教学质量 C31

教　　学 B3 教学工作量 C32

教课门数 C33

科　　研 B4 科研成果 C41

奖励 C42

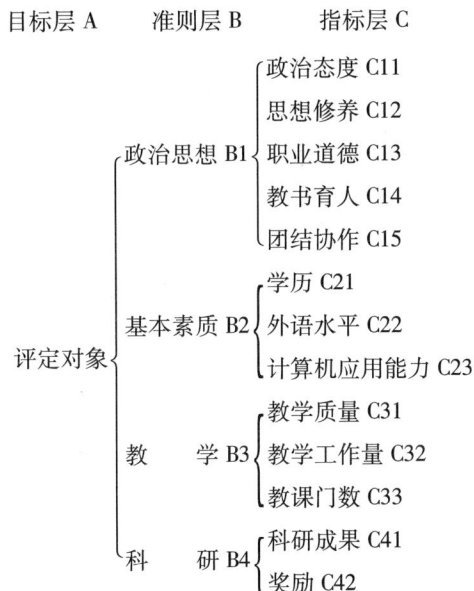

图 7 - 1　高校教师职称评定层次结构

第二步，确定指标层各元素对目标层的合成权重。由专家组按照指标量化细则，根据参评者的实际情况，计算出参评者各项指标得分，最后得出综合分。

$$Z = \sum_{i=1}^{5} W_{1i}R_{1i} + \sum_{i=1}^{3} W_{2i}R_{2i} + \sum_{i=1}^{3} W_{3i}R_{3i} + \sum_{i=1}^{2} W_{4i}R_{4i},$$

式中，R_{ij} 表示参评者指标层各项指标得分值。参评同一职称的教师得分按从高到低排序，即可根据可评限额确定最终人选。

层次分析法的优点是：

（1）将人的主观判断过程数学化、思维化，使决策依据易于被人接受，因此，适合复杂的社会科学领域的情况；

（2）系统性的分析方法，适用于对无结构特性的系统评价以及多目标、多准则、多时期等的系统评价；

（3）简洁实用的决策方法，计算较为简便，所得结果简单明确，容易为决策者了解和掌握；

（4）所需定量数据信息较少，是一种模拟人们决策过程中思维方式的方法，层次分析法把判断各要素的相对重要性的步骤留给了大脑，只保留人脑对要素的印象，化为简单的权重进行计算。

其缺点是：

（1）定量数据较少，定性成分多，不易令人信服；

（2）指标过多时权重难以确定；

（3）特征值和特征向量的精确求法比较复杂；

（4）适合于选优排队，不适合于选合格者，因为合格与不合格的界线不易确定。

7.4.2 模糊层次分析法（FAHP）

层次分析法最大的问题是某一层次评价指标很多时（如四个以上），其思维一致性很难保证。在这种情况下，将模糊法与层次分析法的优势结合起来形成的模糊层次分析法（FAHP），能很好地解决这一问题[①]。

模糊层次分析法的基本思想和步骤与 AHP 分析法的步骤基本一致，但仍有以下两方面的不同点：

（1）建立的判断矩阵不同：在 AHP 中是通过元素的两两比较建立判断一致矩阵；而在 FAHP 中通过元素两两比较建立模糊一致判断矩阵；

（2）求矩阵中各元素相对重要性的权重的方法不同。

而 FAHP 改进了传统层次分析法存在的问题，提高了决策可靠性。FAHP 有一种是基于模糊数，另一种是基于模糊一致性矩阵。

孙守斌等人设计了高校教师职称评定的指标体系及权重，运用模糊综合评价理论建立了职称评定的数学模型，采用四级评价标准（优秀，良好，合格，不合格）来评价各项指标[②]。

---

① 百度百科《层次分析法》。
② 杨志英《AHP 在高校教师职称评定中的应用》。

7.4.3　支持向量机（SVM）

支持向量机是由 Vapnik 领导的 AT&T Bell 实验室研究小组在 1995 年提出的一种新的非常有潜力的分类技术，SVM 是一种基于统计学习理论的模式识别方法，主要应用于模式识别领域[1]（图 7 – 2）。

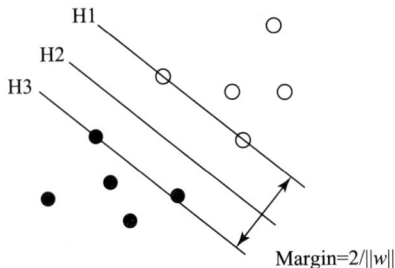

图 7 – 2　支持向量机示意图

张永波等人尝试用 SVM 方法评价项目经理的胜任能力。在文献分析和专家研讨的基础上，结合中国国情，构建了工程项目经理胜任力的评价指标体系，将其胜任力分为四个维度：管理技能维、认知维、情商维和人格魅力维。在此基础上提出了一种基于支持向量机的胜任力评价模型，该模型具有自学习、自适应的能力，可以有效解决评价指标间非线性关联的问题。算例表明该评价模型具有可靠性和有效性。

与其他评价方法相比，基于支持向量机的工程项目经理胜任力评价模型具有以下优点：

（1）该方法在最大程度上减少了人为因素的影响，避免了传统的评价方法中人为确定指标权重的问题；

（2）SVM 可以有效处理评价指标间的非线性关联关系，使数据处理更贴近现实情况；

（3）SVM 方法对样本数量的依赖性较弱，通过学习有限的样本而建立的模型仍具有很强的泛化能力；

① 百度百科《支持向量机》。

（4）针对具体的项目情境与项目特点，项目经理的胜任力指标可能会有所差异，这就需要评价模型具有较强的自学习、自适应能力，而基于 SVM 的评价方法在这方面很有优势，可以根据评价的需要随时对模型进行重新调整和训练，而且整个评价过程非常容易实现编程并在计算机上进行分析，因而具有很高的合理性与适用性。

但需要注意的是，学习样本的数量和质量在很大程度上影响着 SVM 模型的学习性能和模型精准度。

7.4.4　神经网络分析法（BP）

神经网络的结构由一个输入层、若干个中间隐含层和一个输出层组成（图 7 - 3）。神经网络分析法通过不断学习，能够从未知模式的大量复杂数据中发现其规律。它是一种自然的非线性建模过程，无须分清存在何种非线性关系，仅是依赖先验进行判断。

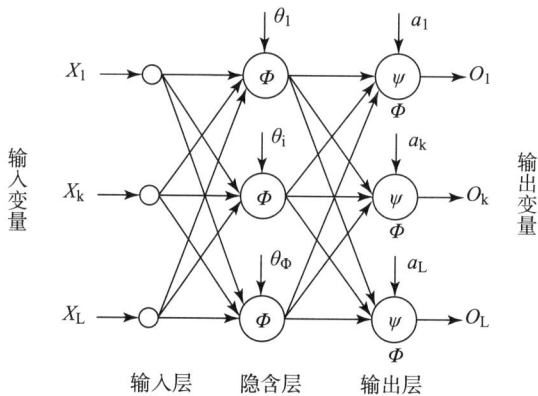

图 7 - 3　神经网络法原理示意图

2015 年安璐等人[①]针对如何实现高等学校职称评审的科学化，提出了神经网络评审预测模型。利用某高校职称评审基础数据，建立了 BP 神经网络和 GRNN 神经网络评审预测模型，比较了两个神经网络的特性和预测结果。预测结果显示，BP 和 GRNN 模型在进行教师职称评价的

---

① 安璐、王欢、黄朝君《基于 BP 和 GRNN 模型的高校教师职称评审预测》。

预测时都有较好的函数逼近能力，BP 网络的预测误差为 5%，GRNN 网络的预测误差为 0。比较结果表明，GRNN 网络比 BP 网络更适用于职称评审预测。

利用神经网络分析法进行职称评审虽然具有值得进一步尝试的价值，但可能潜在的风险是：失去了职称评审的导向，落选者不知道自己存在哪方面的不足，只知道没有通过运算。也许它的作用仅是可以在评审之前做预测。

7.4.5 多指标综合评价法（CE）

多指标综合评价也称为综合评价（CE），是指对以多属性体系结构描述的对象系统做出全局的、整体性的评价[①]。

综合评价方法是科学评价中的常用方法，尤其对于群体评价应用更为普遍。综合评价包含两层含义：一是指将定性评价和定量评价方法有机结合起来；二是指将多种方法有机结合应用于同一评价对象。

多指标综合评价中的关键问题有：确定评价体系，确定评价尺度，评价指标处理，确定各评价指标的权重系数，选择评价方法。

多指标综合评价方法的基本步骤为：明确对象系统，建立评价指标体系，确定参与评价的人员，进行评价，解释评价结果的意义。

但是，综合评价法本身是多种方法的集合，含有九大类共十几种不同的方法（表 7 - 3）。

表 7 - 3　常用的综合评价方法比较与汇总

类别	主要方法	优点	缺点
定性评价方法	● 专业会议法 ● Delphi 法	操作简单，可以利用专家的知识，结论易于使用	主观性比较强，多人评价时结论难以收敛

---

① 邱均平、文庭孝《评价学：理论·方法·实践》。

续表

类别	主要方法	优点	缺点
技术经济分析方法	• 经济分析法 • 技术评价法	方法的含义明确，可比性强	建立模型比较困难，只适合评价因素少的对象
多属性决策方法	• 多属性和多目标决策方法（MODM）	对评价对象描述比较精确，可以处理多决策者、多指标、动态的对象	刚性的评价，无法涉及有模糊因素的对象
运筹学方法（狭义）	• 数据包络分析模型	可以评价多输入多输出的大系统，并可用"窗口"技术找出单元薄弱的环节加以改进	只表明评价单元的相对发展指标，无法表示出实际发展水平
统计分析方法	• 主成分分析 • 因子分析	全面性，可比性，客观合理性	因子负荷符号交替，使得函数意义不明确，需要大量的统计数据，没有反映客观发展水平
	• 聚类分析 • 判别分析	可以解决相对程度大的评价对象	需要大量的统计数据，没有反映客观发展水平
系统工程方法	• 评分法 • 关联矩阵法	方法简单，容易操作	只能用于静态评价
	• 层次分析法	可靠性比较高，误差小	评价对象的因素不能太多（一般不多于9个）
模糊数学方法	• 模糊综合评价 • 模糊积分 • 模糊模式识别	可以克服传统数学方法中"唯一解"的弊端，根据不同可能性得出多个层次的问题题解，具备可扩展性，符合现代管理中"柔性管理"的思想	不能解决评价指标间相关造成的信息重复问题，隶属函数、模糊相关矩阵等得到确定方法有待进一步研究

续表

类别	主要方法	优点	缺点
对话评价方法	● 逐步法（STEM） ● 序贯解法（SEMOP） ● Geoffrion 法	人机对话的基础性思想，体现柔性化管理	没有定量表示出决策者的偏好
智能化评价方法	● 基于 BP 人工神经网络的评价	网络具有自适应能力、可容错性，能够处理非线性、非局域性与非凸性的大型复杂系统	精度不高，要大量的训练样本等

为研究高校职称评聘的综合评价模型，陈川杨等人利用模糊综合评价法、多层次分析法、加权调整等建立了一个综合考虑了科研水平与教学能力的评价模型[①]。该模型值得借鉴于专业技术资格评价。

7.5　工程技术领域专业水平评价标准设计

在深度分析了我国职称评价标准的特点和不足，系统分析了已发表文献中用于职称评价的评价方法，认真比较了各种方法的优缺点和潜在风险，考虑到工程技术人员专业水平评价工作的特殊性和"以评促建"的评价本意，课题组提出了我国未来一个时期工程技术人员专业水平评价标准制定工作的基本思路和技术方案，即遵循 4 大原则，综合采用模糊综合评价方法 + 多层次分析法。

7.5.1　评价标准设计原则

我们认为，制定新的专业水平评价标准应该遵守以下原则：

导向原则。充分认识标准的导向作用，引导工程技术人员成长方向，满足未来经济发展的需要。这些导向有：能力导向，强调解决实际

---

① 陈川杨、张德然、朱璟《高校职称评聘的综合评价模型》。

问题的能力，并应把能力进一步分解，从以前只强调专业技术能力转向要求多因素的职业竞争力的协同发展；促进专业技术人员持续成长导向，因此新的标准中应该废除职称终身制，改为有效期制，增加对继续教育的要求；共同体价值导向，强调职业道德、工程伦理和对专业群体的贡献。

国际化原则。充分认识国际经济一体化对人才国际交流要求发展趋势，为我国工程技术人员参与国际互认做准备。人才评价是一件困难之事，但我们相信总有一种最为合理的方法，各国有关组织都在探索。我们也应该加入国际探索的队伍中，与世界同行交流，加快探索速度。

尊重传统价值原则。在强调能力的同时也应兼顾传统标准中重视教育背景、重视工作业绩的合理成分。

大时间尺度原则。在制定评价标准时，以30年的时间跨度研究人才成长规律，探究相对稳定的价值取向，不过度纠缠于短期内的特殊需要（例如计算机水平），不采用容易时过境迁的文字语言。

7.5.2 评价指标确定

遵循以上原则，针对"合格的工程师应该具有哪些基本能力"的主题，参考国内国际过往经验，采用头脑风暴方法，罗列出可能想到的评价指标，再对指标进行合并、修整和归类，获得指标体系（表7-4）。

表7-4 工程能力标准指标体系

一级指标	二级指标
专业知识与专业技能	工程教育背景
	运用专业知识和能力解决实际工程技术问题
	技术标准、技术规范、技术规程
	质量、安全、环境保护、法律法规知识和使用能力
	解决复杂工程技术问题的能力
	终身学习意识和学习能力
	研究问题的能力

一级指标	二级指标
交流能力	工程语言表达能力
	人际交往能力
	团队合作精神
	适应能力
	外语能力
职业道德	社会责任感
	职业健康安全、环境保护
	遵守职业行为准则
	参与学术组织，提携新人，贡献共同体
	参与继续教育
项目管理能力	评估技术市场价值的能力
	成本估算能力
	管理团队的能力
	应对突发事件的能力
	项目评估能力
领导力	对新技术的敏感度
	系统思维和批判性思维能力
	决策能力
	带队能力
专业业绩与经验	研究报告、出版物等
	完成过的工程项目
	取得过的成绩

以上述研究工作为基础，全国学会共同编制了《全国学会工程师能力标准》（附录三），已于2016年7月19日发布实施，并已被学会群成员单位所采用。其基本特点如下：

分级别。为便于用人单位选人和用人，将工程师分为五级，自低向高分别为：见习工程师、助理工程师、工程师（专业工程师）、高级工程师（注册工程师、咨询工程师）和资深工程师。其中见习工程师面向正在做入职准备的在校学生，其他级别面向在岗人员。

突出以能力为导向。结合工程师的岗位要求，兼顾受教育程度和工作业绩，提出各个级别工程师应当具备的专业能力、交流能力、职业道德、项目管理能力、领导能力五方面的能力要求。

强调职业道德和工程伦理。将道德品质、职业发展置于与技术水平同等重要的位置，重视技术与社会、经济、法律、环境等的关系，强调工程师应当具有终身学习能力，参与继续教育，重视个人对工程师队伍共同体建设发挥作用。

强化国际等效性。改变目前职称评审中存在的重论文和重学历倾向，强调评价标准的国际等效性，兼顾国情并充分考虑实现中国工程师国际互认的需要。

附　　录

附录一　统计数据

附表1-1　我国经济发展及就业状况

	2000 年	2005 年	2010 年	2014 年	2015 年	2016 年
国内生产总值/亿元	100 280	187 319	413 030	643 974	689 052	744 127
就业人数/万人	72 085	74 647	76 105	77 253	77 451	77 603

注：就业人员数是指在 16 周岁及以上，从事一定社会劳动并取得劳动报酬或经营收入的人员。就业人员包括：（1）职工；（2）再就业的离退休人员；（3）私营业主；（4）个体户主；（5）私营企业和个体就业人员；（6）乡镇企业就业人员；（7）农村就业人员；（8）其他就业人员。

资料来源：2000—2015 年来自国家统计局网站，http://data. stats. gov. cn/easyquery. htm？cn＝C01，2016 年来自《2016 年国民经济和社会发展统计公报》。

附表1-2　我国科技人力资源状况

	2000 年	2005 年	2010 年	2014 年
科技人力资源总量/万人	2 500	3 510	5 700	7 512
大学本科及以上学历人数/万人	1 000	1 460	2 353	3 170
每万人口中科技人力资源数/人	197	268	425	549

资料来源：科学技术部，相应年份《我国科技人力资源发展状况分析》。

附表1-3　持有专业技术人员资格证书人数

	2010 年	2011 年	2012 年	2013 年	2014 年	2015 年	2016 年
参加专业技术人员资格考试/万人次	547	1 810	511	972.8	829	1 160	1 150

续表

	2010 年	2011 年	2012 年	2013 年	2014 年	2015 年	2016 年
全国累计取得各类专业技术人员资格证书/万人	2 047	1 400	1 575	1 791.9	2 530.8	1 797	2 358

资料来源：人力资源和社会保障部，相应年份《社会资源和社会保障事业发展统计报告》。

附表 1-4　我国工业增加值及规模以上企业增长速度

		2010 年	2011 年	2012 年	2013 年	2014 年	2015 年
工业增加值/万亿元		19.2	22.7	24.5	26.2	27.8	28.2
工业增加值增长速度		15.7%	13.9%	10.0%	9.7%	8.3%	6.1%
其中	国有及国有控股企业	13.7%	9.9%	6.4%	6.9%	4.9%	1.4%
	集体企业	9.4%	9.3%	7.1%	4.3%	1.7%	1.2%
	股份合作企业	14%	14.7%	6.5%	6.9%	7.2%	4.6%
	股份制企业	16.8%	15.8%	11.8%	11.0%	9.7%	7.3%
	私营企业	20.0%	19.5%	14.6%	12.4%	10.2%	8.6%
	外商及港澳台投资企业	14.5%	10.4%	6.3%	8.3%	6.3%	3.7%

资料来源：国家统计局网站，http://data.stats.gov.cn/easyquery.htm? cn =C01.

附表 1-5　全国工业企业数量及结构　　　单位：万个

		2010 年	2011 年	2012 年	2013 年	2014 年	2015 年
工业企业总数		45.29	32.56	34.38	36.98	37.79	38.31
按企业规模	大型企业	0.37	0.91	0.94	0.98	0.99	0.96
	中型企业	4.29	5.22	5.39	5.57	5.54	5.41
	小型企业	40.62	26.43	28.05	30.43	31.26	31.94

续表

		2010 年	2011 年	2012 年	2013 年	2014 年	2015 年
按所有制性质	内资企业	37.88	26.84	28.69	31.24	32.27	33.04
	港澳台商投资企业	3.41	2.60	2.59	2.65	2.54	2.45
	外商投资企业	4.00	3.13	3.10	3.09	2.97	2.83

资料来源：国家统计局网站，http://data. stats. gov. cn/easyquery. htm? cn = C01.

附表 1-6　全国工业企业中内资企业结构　　单位：万个

		2010 年	2011 年	2012 年	2013 年	2014 年	2015 年
内资企业总数		37.90	26.84	28.69	31.24	32.28	33.03
其中	国有企业	0.87	0.67	0.68	0.40	0.35	0.32
	集体企业	0.92	0.54	0.48	0.38	0.31	0.26
	股份合作企业	0.45	0.24	0.24	0.14	0.12	0.11
	股份有限公司	0.96	0.86	0.90	1.03	1.05	1.11
	有限责任公司	7.01	5.86	6.70	8.23	8.90	9.43
	联营企业	0.07	0.05	0.05	0.02	0.02	0.01
	私营企业	27.33	18.06	18.93	20.84	21.38	21.65
	其他企业	0.29	0.56	0.71	0.20	0.15	0.14

资料来源：国家统计局网站，http://data. stats. gov. cn/easyquery. htm? cn = C01.

附表 1-7　城镇就业人数及按所有制分布　　单位：万人

		2010 年	2011 年	2012 年	2013 年	2014 年	2015 年
城镇就业人员		34 687	35 914	37 102	38 240	39 310	40 410
其中	国有单位	6 516	6 704	6 839	6 365	6 312	6 208
	城镇集体单位	597	603	589	566	537	481
	股份合作单位	156	149	149	108	103	92
	联营单位	36	37	39	25	22	20
	有限责任公司	2 613	3 269	3 787	6 069	6 315	6 389

续表

		2010 年	2011 年	2012 年	2013 年	2014 年	2015 年
其中	股份有限公司	1 024	1 183	1 243	1 721	1 751	1 798
	私营企业	6 071	6 912	7 557	8 242	9 857	11 180
	港澳台商投资单位	770	932	969	1 397	1 393	1 344
	外商投资单位	1 053	1 217	1 246	1 566	1 562	1 446
	个体	4 467	5 227	5 643	6 142	7 009	7 800

资料来源：国家统计局网站，http://data. stats. gov. cn/easyquery. htm？cn = C01.

附表 1 - 8　2014 年我国公有制经济领域专业技术人员资源状况　单位：万人

总体情况			
总数	3 478. 3	其中在管理岗位工作的人数及占比	416. 3（12.0%）
事业单位	2 494. 8		59. 8（2.4%）
企业单位	983. 5		356. 5（36.2%）
学历分布			
研究生	247. 6	中专	314. 7
大学本科	1 728. 9	高中及以下	109. 2
大学专科	1 078. 0	—	—
年龄分布			
≤35 岁	1 302. 6	46 - 50 岁	484. 2
36 - 40 岁	619. 3	51 - 54 岁	300. 4
41 - 45 岁	590. 2	≥55 岁	181. 5
职称分布			
正高级职称	36. 3	初级职称	1 234. 5
副高级职称	348. 4	其他人员	711. 9
中级职称	1 145. 2	—	—

注："其他人员"包括没有评聘专业技术职务的专业技术人员和事业单位管理人员等。

资料来源：中共中央组织部《2014 中国人才资源统计报告》。

附表 1 – 9　我国公有制经济领域专业技术人员类别分布

单位：万人

		2000 年	2005 年	2010 年	2014 年
专业技术人员合计		2 887.4	2 756.7	2 815.7	3 478.3
其中	工程技术人员	555.1	479.1	541.5	634.1
	农业技术人员	67.0	70.6	68.9	72.9
	科学研究人员	27.5	31.1	34.0	43.9
	卫生技术人员	337.2	358.1	384.0	429.5
	教学人员	1 178.3	1 258.9	1 241.4	1 287.2
	其他人员	722.3	558.9	546.0	1 010.7

资料来源：国家统计局网站，http://data. stats. gov. cn/easyquery. htm? cn = C01.

中共中央组织部《2014 中国人才资源统计报告》。

附表 1 – 10　2014 年我国公有制经济领域专业技术人员行业分布

国民经济行业分类（GB/T 4754—2011）		人数/万人
公有制经济领域专业技术人员总数		3 478.2
农林牧渔业	农业，林业，畜牧业，渔业	139.1
采矿业	煤炭开采和洗选业，石油和天然气开采业，黑色金属矿采选业，有色金属矿采选业，非金属矿采选业，其他采矿业	96.9
制造业	农副食品加工业，食品制造业，酒、饮料和精制茶制造业，烟草制品业，纺织业，纺织服装、服饰业，皮革、毛皮、羽毛及其制品和制鞋业，木材加工和木、竹、藤、棕、草制品业，家具制造业，造纸和纸制品业，印刷和记录媒介复制业，文教、工美、体育和娱乐用品制造业，石油加工、炼焦和核燃料加工业，化学原料和化学制品制造业，医药制造业，化学纤维制造业，橡胶和塑料制品业，非金属矿物制品业，黑色金属冶炼和压延加工业，有色金属冶炼和压延加工业，金属制品业，通用设备制造业，专用设备制造业，汽车制造业，铁路、船舶、航空航天	186.5

续表

国民经济行业分类（GB/T 4754—2011）		人数/万人
制造业	和其他运输设备制造业，电气机械和器材制造业，计算机、通信和其他电子设备制造业，仪器仪表制造业，其他制造业，废弃资源综合利用业	
电力、燃气及水的生产和供应业	电力、热力生产和供应业，燃气生产和供应业，水的生产和供应业	73.4
建筑业	房屋建筑业，土木工程建筑业，建筑安装业，建筑装饰和其他建筑业	135.6
交通运输、仓储及邮电通信业	铁路运输业，道路运输业，水上运输业，航空运输业，管道运输业，装卸搬运和运输代理业，仓储业，邮政业	121.5
信息传输、计算机服务和软件业	电信、广播电视和卫星传输服务，互联网和相关服务，软件和信息技术服务业	59.1
批发和零售业	批发业，零售业	36.1
住宿和餐饮业	住宿业，餐饮业	4.5
金融业	货币金融服务，资本市场服务，保险业，其他金融业	234.3
房地产业	房地产业	20.2
租赁和商务服务业	租赁业，商务服务业	9.8
科学研究、技术服务和地质勘查业	研究和试验发展，专业技术服务业，科技推广和应用服务业	122.8
水利、环境和公共设施管理业	水利管理业，生态保护和环境治理业，公共设施管理业	73.6
居民服务和其他服务业	居民服务业，机动车、电子产品和日用产品修理业，其他服务业	16.7
教育业	教育业	1 356.7

续表

国民经济行业分类（GB/T 4754—2011）		人数/万人
卫生、社会保障和社会福利业	卫生，社会工作	436.7
文化、体育和娱乐业	新闻和出版业，广播、电视、电影和影视录音制作业，文化艺术业，体育，娱乐业	81.5
公共管理和社会组织	中国共产党机关，国家机构，人民政协、民主党派，社会保障，群众团体、社会团体和其他成员组织，基层群众自治组织	273.2

资料来源：中共中央组织部《2014 中国人才资源统计报告》。

附表 1-11　留学回国人员和持大陆地区颁发就业证人员数量　　单位：万人

		2010 年	2011 年	2012 年	2013 年	2014 年	2015 年	2016 年
留学回国人员	当年回国	—	—	—	35.4	36.5	40.9	43.3
	年末总数				144.5	181.0	221.9	265.1
持外国人就业证在中国工作的外国人		23.2	24.2	24.6	24.4	24.2	24.0	23.5
持台港澳人员就业证在内地工作的台港澳人员		9.0	9.5	9.2	8.5	8.5	8.4	8.2

资料来源：人社部，相关年份《人力资源和社会保障事业发展统计公报》。

附表 1-12　我国对外合作情况

	2010 年	2011 年	2012 年	2013 年	2014 年	2015 年
中国内地外商投资企业数/万户	44.5	44.7	44.0	44.6	46.1	48.1
对外承包工程合同数/份	9 544	6 381	6 710	11 578	7 740	8 662
对外承包工程年末在外人数/万人	37.7	32.4	34.5	37.0	40.9	40.9
对外劳务合作年末在外人数/万人	47.0	48.8	50.6	48.3	59.7	61.8

资料来源：国家统计局网站，http://data.stats.gov.cn/easyquery.htm? cn=C01。

附表 1-13   我国对外投资情况

	2010 年	2011 年	2012 年	2013 年	2014 年	2015 年	2016 年
我国境内投资者直接投资国家和地区/个	129	132	141	156	156	155	164
我国境内投资者直接投资境外商投资企业数/家	3 125	3 391	4 425	5 090	6 128	6 532	7 961

资料来源：商务部，相关年份《我国对外非金融类直接投资简明统计》。

附表 1-14   对"一带一路"沿线国家投资合作情况

		2015 年	2016 年
对外直接投资	涉及国家数量/个	49	53
	非金融类直接投资/亿美元	148.2	145.3
	主要投资流向国家	新加坡、哈萨克斯坦、老挝、印尼、俄罗斯和泰国	新加坡、印尼、印度、泰国、马来西亚
对外承包工程项目	涉及国家数量/个	60	61
	合同数量/份	3 987	8 158
	新签合同额/亿美元	926.4	1 260.3

资料来源：商务部，相关年份《对"一带一路"沿线国家投资合作情况》。

附表 1-15   我国对外劳务合作业务   单位：万人

	2011 年	2012 年	2013 年	2014 年	2015 年	2016 年
对外劳务合作派出各类劳务人员	45.2	51.1	52.7	56.2	53	49.4
其中：承包工程项下派出	24.3	23.3	27.1	26.9	25.3	23.0
劳务合作项下派出	20.9	27.8	25.6	29.3	27.7	26.4

资料来源：商务部，相关年份《我国对外劳务合作业务简明统计》。

附表 1－16　我国高等教育和中等职业教育学校数量　　单位：所，个

		2010 年	2011 年	2012 年	2013 年	2014 年	2015 年	2016 年
高等教育学校		2 723	2 762	2 790	2 788	2 824	2 852	2 880
其中1	普通高等学校	2 358	2 409	2 442	2 491	2 529	2 560	2 596
	成人高等学校	365	353	348	297	295	292	284
其中2	本科院校	1 112	1 129	1 145	1 170	1 202	1 219	1 237
	高职（专科）院校	1 246	1 280	1 297	1 321	1 327	1 341	1 359
研究生培养机构		797	755	811	830	788	792	793
其中	普通高校	481	481	534	548	571	575	576
	科研机构	316	274	277	282	217	217	217
中等职业教育学校		13 872	13 093	12 663	12 262	11 878	11 202	10 893
其中	普通中等专业学校	3 938	3 753	3 681	3 577	3 536	3 456	3 398
	职业高中	5 206	4 802	4 517	4 267	4 067	3 907	3 726
	技工学校	3 008	2 924	2 901	2 882	2 818	2 545	2 526
	成人中等专业学校	1 720	1 614	1 564	1 536	1 457	1 294	1 243

注：中等职业教育学校中包括普通中等专业学校、职业高中、技工学校和成人中等专业学校。

普通高等学校中包括独立学院。

资料来源：教育部，相关年份《全国教育事业发展统计公报》。

附表 1－17　我国高等教育和中等职业教育教职工数量　　单位：万人

	2010 年	2011 年	2012 年	2013 年	2014 年	2015 年	2016 年
普通高校共有教职工	215.66	220.48	225.44	229.63	233.57	236.93	240.48
其中：专任教师	134.31	139.27	144.03	149.69	153.45	157.26	160.20
成人高等学校教职工	7.71	6.9	6.56	5.64	5.29	5.13	4.31
其中：专任教师	4.59	4.09	3.94	3.36	3.15	3.02	2.52
中等职业教育教职工	118.98	118.91	118.94	115.34	113.21	110.18	108.61
其中：专任教师	84.89	86.72	88.10	86.79	85.84	84.41	83.96

资料来源：教育部，相关年份《全国教育事业发展统计公报》。

附表 1－18　我国高等教育和中等职业教育毕业生数量　　单位：万人

		2010 年	2011 年	2012 年	2013 年	2014 年	2015 年	2016 年
研究生毕业人数		38.36	43.00	48.64	51.36	53.59	55.15	56.39
其中	毕业博士生	4.90	5.03	5.17	5.31	5.37	5.38	5.50
	毕业硕士生	33.46	37.97	43.47	46.05	48.22	49.77	50.89
本专科毕业生		575.42	608.16	624.73	638.72	659.37	680.89	704.18
成人高等教育本专科毕业生		197.29	190.66	195.44	199.77	221.23	236.26	244.47
中等职业教育毕业生		665.29	660.34	674.89	674.44	622.95	567.88	533.62

资料来源：教育部，相关年份《全国教育事业发展统计公报》。

附表 1-19　我国大学毕业生就业分布

		2013 届	2016 届
大学毕业生	自主创业比例	2.3%	3.0%
	在国有企业就业的比例	22%	19%
	在民营企业就业的比例	54%	60%
	在外商投资企业就业的比例	11%	8%
	在大型用人单位就业的比例	23%	21%
	在中小微用人单位就业的比例	51%	55%
其中 本科毕业生	自主创业比例	1.2%	2.1%
	在国有企业就业的比例	26%	22%
	在民营企业/个体就业的比例	45%	53%
	在外商投资企业就业的比例	12%	8%
	在大型用人单位就业的比例	27%	26%
	在中小微用人单位就业的比例	45%	49%
高职高专毕业生	自主创业比例	3.3%	3.9%
	在国有企业就业的比例	19%	16%
	在民营企业/个体就业的比例	63%	68%
	在外商投资企业就业的比例	10%	7%
	在大型用人单位就业的比例	19%	17%
	在中小微用人单位就业的比例	56%	61%

注："大型用人单位"指人数超过 3 000 人的用人单位，"中小微用人单位"指人数在 300 人及以下的用人单位。

资料来源：麦可思研究院，相关年份《中国大学生就业报告》。

附表 1-20　大学毕业生自主创业状况调查

		大学毕业生	其中	
			本科	高职高专
2011 年毕业生	半年后开始自主创业的比例	1.6%	1.0%	2.2%
	三年后开始自主创业的比例	5.5%	3.3%	7.7%
	毕业时就创业的人群中三年后还在继续创业的比例	47.5%	44.8%	48.9%
2012 年毕业生	半年后开始自主创业的比例	—	—	—
	三年后开始自主创业的比例	—	—	—
	毕业时就创业的人群中三年后还在继续创业的比例	—	48.6%	47.5%
2013 年毕业生	半年后开始自主创业的比例	2.3%	1.2%	3.3%
	三年后开始自主创业的比例	5.9%	3.8%	8.0%
	毕业时就创业的人群中三年后还在继续创业的比例	—	46.2%	46.8%

资料来源：麦可思研究院，相关年份《中国大学生就业报告》。

附录二　专业技术人员分类及学科分类

附表 2 - 1　2015 版《中华人民共和国职业分类大典》专业技术人员分类

中类	小类	
科学研究 人员	哲学研究人员 经济学研究人员 法学研究人员 教育学研究人员 历史学研究人员 自然科学和地球科学研究人员	农业科学研究人员 医学研究人员 管理学研究人员 文学、艺术学研究人员 军事学研究人员 其他科学研究人员
工程技术 人员	地质勘探工程技术人员 测绘和地理信息工程技术人员 矿山工程技术人员 石油天然气工程技术人员 冶金工程技术人员 化工工程技术人员 机械工程技术人员 航空工程技术人员 电子工程技术人员 信息和通信工程技术人员 电气工程技术人员 电力工程技术人员 邮政和快递工程技术人员 广播电影电视机演艺设备工程 技术人员 道路和水上运输工程技术人员 民用航空工程技术人员 铁道工程技术人员 建筑工程技术人员 水利工程技术人员	海洋工程技术人员 建材工程技术人员 林业工程技术人员 纺织服装工程技术人员 食品工程技术人员 气象工程技术人员 地震工程技术人员 环境保护工程技术人员 安全工程技术人员 标准化、计量、质量和认 证认可工程技术人员 管理（工业）工程技术 人员 检验检疫工程技术人员 制药工程技术人员 印刷复制工程技术人员 工业（产品）设计工程技 术人员 康复辅具工程技术人员 轻工工程技术人员 土地整治工程技术人员 其他工程技术人员

中类	小类	
农业技术人员	土壤肥料技术人员 农业技术指导人员 植物保护技术人员 园艺技术人员 作物遗传育栽培技术人员	兽医兽药技术人员 畜牧与草业技术人员 水产技术人员 农业工程技术人员 其他农业技术人员
飞机和船舶技术人员	飞行人员和领航人员 船舶指挥和引航人员	其他飞机和船舶技术人员
卫生专业技术人员	临床和口腔医师 中医医师 中西医结合医师 民族医医师 公共卫生与健康医师	药学技术人员 医疗卫生技术人员 护理人员 乡村医生 其他卫生专业技术人员
经济和金融专业人员	经济专业人员 统计专业人员 会计专业人员 审计专业人员 税务专业人员 评估专业人员 商务专业人员	人力资源专业人员 银行专业人员 保险专业人员 证券专业人员 知识产权专业人员 其他和金融专业人员
法律、社会和宗教专业人员	法官 检察官 律师 公证员 司法鉴定人员	审判辅助人员 法律顾问 宗教教职人员 社会工作专业人员 其他法律、社会和宗教专业人员
教学人员	高等教育教师 中等职业教育教师 中小学教育教师	幼儿教育教师 特殊教育教师 其他教学人员
文学艺术、体育专业人员	文艺创作与编导人员 音乐指挥与演员 电影电视制作专业人员 舞台专业人员	美术专业人员 工艺美术与创意设计专业人员 体育专业人员 其他文学艺术、体育专业人员

续表

中类	小类	
新闻出版、文化专业人员	记者 编辑 校对员 播音员及节目主持人 翻译人员	图书资料与微缩摄影专业人员 档案专业人员 考古及文物保护专业人员 其他新闻出版、文化专业人员
其他专业技术人员	其他专业技术人员	

资料来源：《中华人民共和国职业分类大典（2015 年版)》。

附表 2-2　国家自然科学基金学科分类目录

学部	学科组	
A. 数理科学部	数学 力学 天文学	物理学 I 物理学 II
B. 化学科学部	无机化学 有机化学 物理化学 高分子科学	分析化学 化学工程及工业化学 环境化学
C. 生命科学部	微生物学 植物学 生态学 动物学 生物物理、生物化学与分子生物学 遗传学与生物信息学 细胞生物学 免疫学 神经科学 生物力学与组织工程学 生理学与整合生物学	发育生物学与生殖生物学 农学基础与作物学 植物保护学 园艺学与植物营养学 林学 畜牧学与草地科学 兽医学 水产学 食品科学 心理学

学部	学科组	
D. 地球科学部	地理学 地质学 地球化学	地球物理学和空间物理学 大气科学 海洋科学
E. 工程与材料科学部	金属材料 无机非金属材料 有机高分子材料 冶金与矿业 机械工程	工程热物理与能源利用 电气科学与工程 建筑环境与结构工程 水利科学与海洋工程
F. 信息科学部	电子学与信息系统 计算机科学 自动化	半导体科学与信息器件 光学和光电子学
G. 管理科学部	管理科学与工程 工商管理	宏观管理与政策
H. 医学科学部	呼吸系统 循环系统 消化系统 生殖系统/围生医学/新生儿 泌尿系统 运动系统 内分泌系统/代谢和营养支持 血液系统 神经系统和精神疾病 医学免疫学 皮肤以及附属器 眼科学 耳鼻咽喉头颈科学 口腔颌面科学 急重症医学/创伤/烧伤/整形 肿瘤学	康复医学 影像医学与生物医学工程 医学病原微生物与感染 检验医学 特种医学 放射医学 法医学 地方病学/职业病学 老年医学 预防医学 中医学 中药学 中西医结合 药物学 药理学

资料来源：百度百科，中国国家自然科学基金学科分类目录。

附表 2-3　普通高等学校高等职业教育（专科）专业目录（2015 版）

专业大类（对应产业）	专业类（对应行业）	
农林牧渔大类	农业类 林业类	畜牧业类 渔业类
资源环境与安全大类	资源勘查类 地质类 测绘地理信息类 石油与天然气类 煤炭类	金属与非金属矿类 气象类 环境保护类 安全类
能源动力与材料大类	电力技术类 热能与发电工程类 新能源发电工程类 黑色金属材料类	有色金属材料类 非金属材料类 建筑材料类
土木建筑大类	建筑设计类 城乡规划与管理类 土建施工类 建筑设备类	建设工程管理类 市政工程类 房地产类
水利大类	水文水资源类 水利工程与管理类	水利水电设备类 水土保持与水环境类
装备制造大类	机械设计制造类 机电设备类 自动化类 铁道装备类	船舶与海洋工程装备类 航空装备类 汽车制造类
生物与化工大类	生物技术类	化工技术类
轻工纺织大类	轻化工类 包装类	印刷类 纺织服装类
食品药品与粮食大类	食品工业类 药品制造类 食品药品管理类	粮食工业类 粮食储检类
交通运输大类	铁道运输类 道路运输类 水上运输类 航空运输类	管道运输类 城市轨道交通类 邮政类

续表

专业大类（对应产业）	专业类（对应行业）	
电子信息大类	电子信息类 计算机类	通信类
医药卫生大类	临床医学类 护理类 药学类 医学技术类	康复治疗类 公共卫生与卫生管理类 人口与计划生育类 健康管理与促进类
财经商贸大类	财政税务类 金融类 财务会计类 统计类 经济贸易类	工商管理类 市场营销类 电子商务类 物流类
旅游大类	旅游类 餐饮类	会展类
文化艺术大类	艺术设计类 表演艺术类	民族文化类 文化服务类
新闻传播大类	新闻出版类	广播影视类
教育与体育大类	教育类 语言类	文秘类 体育类
公安与司法大类	公安管理类 公安指挥类 公安技术类 侦查类	法律实务类 法律执行类 司法技术类
公共管理与服务大类	公共事业类 公共管理类	公共服务类

资料来源：教育部，《普通高等学校高等职业教育（专科）专业目录（2015版)》。

附表 2 - 4　普通高等学校本科专业目录（2012 版）

学科门类	专业类		
哲学	哲学类		
经济学	经济学类 经济与贸易类	财政学类	金融学类
法学	法学类 政治学类	社会学类 民族学类	马克思主义理论类 公安学类
文学	中国语言文学类	外国语言文学类	新闻传播学类
历史学	历史学类		
农学	植物生产类 自然保护与环境生态类 动物生产类	动物医学类 林学类 水产类	草学类
医学	基础医学类 临床医学类 口腔医学类 公共卫生与预防医学类	中医学类 中西医结合类 药学类 中药学类	法医学类 医学技术类 护理学类
管理学	管理科学与工程类 工商管理类 农业经济管理类	公共管理类 图书情报与档案管理类 物流管理与工程类	工业工程类 电子商务类 旅游管理类
艺术学	艺术学理论类 音乐与舞蹈学类	戏剧与影视学类 美术学类	设计学类
理学	数学类 物理学类 化学类 天文学类	地理科学类 大气科学类 海洋科学类 地球物理学类	地质学类 生物科学类 心理学类 统计学类

续表

学科门类	专业类		
工学	力学类 机械类 仪器类 材料类 能源动力类 电气类 电子信息类 自动化类 计算机类 土木类 水利类	测绘类 化工与制药类 地质类 矿业类 纺织类 轻工类 交通运输类 海洋工程类 航空航天类 兵器类 核工程类	农业工程类 林业工程类 环境科学与工程类 生物医学工程类 食品科学与工程类 建筑类 安全科学与工程类 生物工程类 公安技术类
教育学	教育学类	体育学类	

资料来源：教育部，《普通高等学校本科专业目录（2012 版）》。

附表 2 – 5　美国 CIP – 2000 学科群设置情况总表

序号	CIP – 2000 学科群名称	所含学科数	学科大类	类型
1	交叉学科	22	交叉学科	学术型学位教育为主
2	文理综合			
3	英语语言文学	28	人文科学	
4	外国语言文学			
5	哲学与宗教			
6	社会科学	39	社会科学	
7	心理学			
8	历史学			
9	区域、种族、文化与性别研究			
10	自然科学	35	理学	
11	计算机与信息科学			
12	数学与统计学			
13	生物学与生物医学科学			

续表

序号	CIP - 2000 学科群名称	所含学科数	学科大类	类型
14	工学	34	工学	应用型与专业学位教育为主
15	医疗卫生与临床科学	34	医学	
16	工商管理学	21	工商管理	
17	教育学	15	教育学	
18	农学与农业经营	20	农学	
19	自然资源与保护			
20	法学与法律职业	5	法学	
21	建筑学	8	建筑学	
22	艺术学	9	艺术学	
23	公共管理与社会服务	6	公共管理	
24	传播与新闻学	6	新闻学	
25	图书馆学	3	图书馆学	
26	神学	7	神学	
27	工程技术	70	职业技术	职业技术教育为主
28	科学技术			
29	通信技术			
30	精密制造技术			
31	军事技术			
32	机械与维修技术			
33	建造技术			
34	交通与运输服务			
35	家庭科学			
36	公园、娱乐、休闲、健身			
37	个人与烹饪服务			
38	安全与防护服务			

注："学科群"和"学科"分别是 CIP 目录中两位数和四位数代码表示的学科领域。"学科大类"根据美国的国家教育统计中心、国家自然科学基金会和国家科学院等权威机构统计口径及世界著名大学的院系设置统计等划分。

资料来源：上海交通大学高教研究所，《美国学科门类设置情况》。

附表 2－6　2000 年俄罗斯联邦教育部发布最新学科专业、方向目录

	方向或专业目录	专业类项	学科类、方向或专业	体制
第一部分	培养学士和硕士的方向目录	自然科学与数学类	5 大类95 个方向	同国际接轨（本/硕/副博士）
		人文与社会科学类		
		教育类		
		技术科学类		
		农业科学类		
第二部分	培养文凭专家的专业目录	自然科学类	10 类170 个专业	原东欧体制（文凭专家/副博士）
		人文社科类		
		经济管理类		
		文化艺术类		
		教育类		
		农业经济类		
		医学类		
		服务类		
		跨学科类		
		信息安全类		
第三部分	培养文凭专家的方向目录	技术与工艺类	5 类84 个方向（其中技术与工艺类 77 个）	培养文凭专家
		农业类		
		艺术与建筑类		
		语言学		
		信息学		

资料来源：富学新等，《美、英、俄、德高校学科专业设置对我国体育学科体系建设的启示》。

附录三　全国学会工程师能力标准

全国学会专业技术人员专业水平评价工作群编制

2016 年 7 月 19 日发布

前　言

工程，是为了完成人类设想的目标，应用数学、自然科学知识和技术手段，通过一群人有组织的工作将某个或某些自然的或人造的现有实体转化为具有预期使用价值的人造产品的过程。

工程师作为从事工程的专业人员，接受过长期的专业学习和专业训练，具有其他人所不具有的专业知识和技能，在专业领域内比其他人更有资格从事工程系统设计、产品研发、生产制造，售后服务、应用操作，工程管理、技术评估等工作。在涉及某技术领域的重大社会事件发生时，工程师比他人更有资格和义务从专业的角度揭示事件真相，解释事件原因，预测事件影响，提供解决方案。

工程技术人员是经济建设、科学昌明、文明进步的重要力量。社会期待他们在所从事的专业领域内，运用掌握的知识和技能谋求社会福祉，同时也期望他们在为社会谋福祉的过程中表现出高标准的诚信。他们自身也有个人职业发展的内在需要，期望以自己的专业特长和对社会的贡献获得社会承认和尊重。

工程师能力标准是对工程技术人员的工作能力提出的具体要求，是评价工程技术人员能力水平的标尺。制定本标准旨在为工程技术人员制定个人职业发展路线提供参考，为用人单位人力资源管理提供参考，为社会各界所需的人才评价提供参考，为工程教育提供方向。

本标准的制定，遵循了以下原则：

1. 导向原则。本标准希望能引导工程技术人员建立专业人员共同认同的价值观，促进社会治理优化。本标准突出能力导向，强调专业人员解决实际工程技术问题的能力；同时强调专业人员的社会责任，强调专业人员之间的协作，强调专业人员对专业队伍建设的贡献，强调专业人员个人的专业持续发展。

2. 国际互认原则。各国工程师资格互认是全球经济一体化发展的必然，是历史发展的大趋势，也是我国实现"走出去"战略的重要抓手。因此，本标准在制定过程中充分考虑了与国际相关标准接轨。

3. 大时间尺度原则。本标准试图以30年时间跨度研究人才成长规律，探究相对稳定的价值取向，希望不被一些短期内的特殊需要所左右。

工程师能力标准指标体系

一级指标	二级指标
专业能力	具备专业知识和技能
	运用专业知识和技能解决实际工程技术问题的能力
	在工程实践中遵循法律法规、标准规范和运用质量、安全、节能、环保知识的能力
	跟踪技术发展趋势、不断更新自身专业知识和技能的能力
	专业研究能力（获取信息、梳理分析、推理判断等）
交流能力	工程语言表达能力
	人际交往能力
	团队合作能力
	新环境的适应能力
	国际交流能力
工程伦理	具备社会责任感和敬业精神，并将其贯彻于工程实践中
	具备职业健康与安全、节能、环保、知识产权保护意识，并将其贯彻于工程实践中
	遵守职业行为准则
	主动规划个人职业发展，参与学术活动，提携新人

续表

一级指标	二级指标
项目管理能力	项目策划和评估能力
	团队组建和管理能力
	项目监控和过程管理能力（进度、人员、成本）
	风险管控能力（预判、提报、预案）
领导力	对新技术的敏感度
	系统思维和创新思维能力
	决策能力
	发挥影响力、组建本单位跨部门或跨单位团队并指挥团队的能力

各级别工程师能力标准

本标准将工程师分为五级，自低向高分别为：见习工程师、助理工程师、工程师（专业工程师）、高级工程师（注册工程师、咨询工程师）和资深工程师。

见习工程师面向正在做入职准备的在校学生；助理工程师面向入职一段时间后正在做独立工作准备的工程技术人员；工程师面向已经具有了一定工作经验可独立承担工作的工程技术人员；高级工程师面向已经具有了丰富工作经验可以从事同行评议或承担其他社会职责的工程技术人员；资深工程师面向在业内享有一定声望、具有社会影响力的工程技术人员。

根据以上工程师能力标准指标体系，本标准从专业能力、交流能力、工程伦理、项目管理能力、领导力5个方面对不同级别的工程技术人员制定不同的标准。

一、见习工程师

1.1 专业能力

（1）有本专业基本工程教育背景，具备本专业基础理论和技术知识，具备本专业基本技能。

（2）能在工程师指导下运用专业知识和技能解决实际工程技术问题。

（3）对本专业相关法律法规、标准规范和质量、安全、节能、环保知识有一定了解。

（4）有终身学习意识，能根据职业需求主动学习。

1.2　交流能力

（1）能使用工程语言进行口头和书面的清晰表达。

（2）有正常人际交往关系。

（3）有团队合作精神，接受并履行自己在团队中的职责。

（4）能较快适应新的环境。

（5）具备一门外语的听、说、读、写能力。

1.3　工程伦理

（1）有社会责任感和敬业精神，对工程与自然、社会和谐发展有正确的认知和理解。

（2）有本专业职业健康安全、节能、环保、知识产权保护意识，具备相关知识。

（3）遵守职业行为准则。

（4）关注自身职业发展。

二、助理工程师

2.1　专业能力

（1）有本专业基本工程教育背景，具备本专业基础理论和技术知识，具备本专业基本技能。

（2）能在工程师指导下独立运用专业知识和技能解决实际工程技术问题。

（3）对本专业相关法律法规、标准规范和质量、安全、节能、环保知识有一定了解，并能在工作中加以运用。

（4）对本专业国内外技术发展现状和趋势有一定了解；有终身学习意识，能根据职业需求主动学习。

2.2　交流能力

（1）能使用工程语言制定工程文件，并与同行交流。

（2）有正常人际交往关系。

（3）有团队合作精神，在完成本职工作的同时，主动分担工作。

（4）能很快适应新的环境。

（5）具备一门外语的听、说、读、写能力。

2.3　工程伦理

（1）有社会责任感和敬业精神，对工程与自然、社会和谐发展有正确的认知和理解，并能在工作中自觉遵循。

（2）有本专业职业健康安全、节能、环保、知识产权保护意识，具备相关知识，并能在工作中自觉遵循。

（3）自觉遵守职业行为准则。

（4）对自身职业发展有规划。

2.4　项目管理能力

具备成本意识，能估算项目成本。

三、工程师

3.1　专业能力

（1）有本专业良好工程教育背景，接受过系统的专业知识学习和专业技能训练。

（2）能熟练运用专业知识和技能解决实际工程技术问题。

（3）能在工作中自觉遵循法律法规、技术规范和正确运用质量、安全、节能、环保知识。

（4）主动跟踪本专业国内外技术发展趋势，不断掌握新知识、新技能，并应用于工作中。

（5）能进行技术问题的研究，进而提出解决方案。

3.2　交流能力

（1）能熟练使用工程语言制定工程文件，并与同行深入交流。

（2）有良好人际交往关系。

（3）有较强的团队合作精神，能够控制自我并理解他人意愿，在团队中发挥带头作用。

（4）能适应各种环境并发挥自身能力。

（5）具备一门外语的听、说、读、写能力；具备国际交流与合作的基本理念和方法。

3.3 工程伦理

（1）有较强的社会责任感和敬业精神，能在工作中正确运用专业知识保证工程和自然、社会的和谐发展。

（2）有较强的本专业职业健康安全、节能、环保、知识产权保护意识，能在工作中正确运用专业知识维护以上要素。

（3）模范遵守职业行为准则，承担自身行为责任。

（4）能制定并实施自身职业发展规划；积极参与业内学术活动；主动提携助理工程师，培养见习工程师。

3.4 项目管理能力

（1）具备一定的市场调研、需求预测和技术经济分析能力，具备设计、预算小型工程项目的能力，进而能策划和评估小型工程项目。

（2）具备一定的团队组建和管理能力，具备一定的项目监控和过程管理能力，进而能组织实施小型工程项目。

（3）具备风险管控意识，能进行风险预判并提出风险规避预案。

四、高级工程师

4.1 专业能力

（1）有本专业良好工程教育背景，接受过系统的专业知识学习和专业技能训练；在某一技术方向有比较深入的研究。

（2）能带领团队攻克技术难关。

（3）能在工作中自觉遵循法律法规、技术规范和正确运用质量、安全、节能、环保知识，并能提出改进意见。

（4）主动跟踪本专业国内外技术发展趋势，不断掌握新知识、新技能，并创造性地运用于工作中。

（5）能分析本专业国内外技术发展现状和趋势，提出具有应用价值的研究课题，制定出研究方案并实施。

4.2 交流能力

（1）能熟练使用工程语言制定工程文件，并在跨区域、跨专业环境下进行交流。

（2）有良好人际交往关系。

（3）有很强的团队合作精神，能够控制自我并理解他人意愿，在团队中发挥领导作用。

（4）能适应各种环境并充分发挥自身能力。

（5）具备一门外语的听、说、读、写能力；具备国际交流与合作的理念和方法。

4.3　工程伦理

（1）有强烈的社会责任感和敬业精神，能在工作中正确运用专业知识保证工程和自然、社会的和谐发展。

（2）有强烈的本专业职业健康安全、节能、环保、知识产权保护意识，能在工作中正确运用专业知识维护以上要素。

（3）模范遵守职业行为准则，承担自身行为责任。

（4）能制定并实施自身职业发展规划；积极参与或组织业内学术活动；积极提携和热心培养后备力量。

4.4　项目管理能力

（1）具备较强的市场调研、需求预测和技术经济分析能力，具备设计、预算大型工程项目的能力，进而能策划和评估大型工程项目。

（2）具备较强的团队组建和管理能力，具备较强的项目监控和过程管理能力，进而能组织实施大型工程项目。

（3）具备一定的风险管控能力，能在事先预防和事后补救方面采取一定措施。

4.5　领导力

（1）具备收集、分析、判断国内外相关技术信息的能力，能提出开发方向和思路。

（2）具备系统思维和创新思维能力，能提出创新方案。

（3）具备一定的综合分析、判断能力，能提出决策意见。

（4）具备组建和指挥本单位跨部门团队的能力。

五、资深工程师

5.1 专业能力

（1）有本专业良好工程教育背景，接受过系统的专业知识学习和专业技能训练；在某一技术方向有深入研究，并具有了业内公认的影响力。

（2）能带领团队攻克技术难关。

（3）能在工作中自觉遵循法律法规、技术规范和正确运用质量、安全、节能、环保知识，并能提出改进意见。

（4）对本专业国外技术发展趋势有深入研究，并能引领国内技术发展。

（5）能深入分析国内外技术发展现状和趋势，提出具有重大应用价值的研究课题，制定出研究方案并实施。

5.2 交流能力

（1）能熟练使用工程语言制定工程文件，并在跨区域、跨专业环境下进行交流。

（2）有良好人际交往关系。

（3）有很强的团队合作精神，能够控制自我并理解他人意愿，在团队中发挥领导作用。

（4）能适应各种环境并充分发挥自身能力。

（5）具备一门外语的听、说、读、写能力；具备国际交流与合作的理念和方法。

5.3 工程伦理

（1）有强烈的社会责任感和敬业精神，能在工作中正确运用专业知识保证工程和自然、社会的和谐发展。

（2）有强烈的本专业职业健康安全、节能、环保、知识产权保护意识，能在工作中正确运用专业知识维护以上要素。

（3）模范遵守职业行为准则，承担自身行为责任。

（4）能制定并实施自身职业发展规划；积极参与或组织业内学术活动；积极提携和热心培养后备力量。

5.4　项目管理能力

（1）具备很强的市场调研、需求预测和技术经济分析能力，具备设计、预算大型工程项目的能力，进而能策划大型工程项目；能指导或主持项目评估，提出改进建议。

（2）能建立适宜的管理系统，运用现代管理方法组织并领导项目组，保质保时地完成项目工作。

（3）具备较强的风险管控能力，能在事先预防和事后补救方面采取有效措施，确保项目顺利进行。

5.5　领导力

（1）能洞察国内外技术先机，提出开发方向和思路。

（2）具备系统思维和创新思维能力，能提出创新方案。

（3）具备综合分析、判断能力，能正确、果断决策。

（4）具备组建和指挥跨单位团队的能力。

参 考 文 献

［1］叶至诚. 职业社会学［M］. 台北：五南图书出版有限公司，2000.

［2］中国台湾网. 专门职业和技术人员考试法（台湾地区）［EB/OL］. http://www. taiwan. cn/flfg/twdq/200512/t20051212_ 219646. htm.

［3］赵康. 专业、专业属性及判断成熟专业的六条标准［J］. 社会学研究，2000（05）：30－39.

［4］中国人事科学研究院. 工程科技人才职业化和国际化研究报告［R］. 2013.

［5］中国科学技术协会，人事科学研究院. 科技工作者职称状况调查报告［R］. 2013.

［6］中国科学技术学会，上海工程师协会. 企业科技工作者职称状况调查报告［R］. 2014.

［7］中国科学技术协会，人事科学研究院. 全国科技工作者专业技术职称状况调查报告［R］. 2014.

［8］王沛民. 研究与开发"专业学位"刍议［J］. 高等教育研究，1999（01）：43－46.

［9］UK Standard for Professional Engineering Competence. Engineering Council UK［EB/OL］. www. engc. org. uk.

［10］General Criteria for the Accreditation of Degree Programmes［EB/OL］. http://www. asiin－ev. de.

［11］国家职业分类大典和职业资格工作委员会. 中华人民共和国职业分类大典（2015 年版）［M］. 北京：中国劳动社会保障出版社，2016.

［12］人力资源和社会保障部. 进一步减少和规范职业资格许可和认定事项的改革方案（人社部发〔2017〕2 号）［EB/OL］. http://www.mohrss. gov. cn/gkml/xxgk/201701/t20170111_ 264219. html.

［13］教育部. 普通高等学校本科专业目录（2012 版）［EB/OL］. http://www. moe. edu. cn/srcsite/A08/moe_ 1034/s3882/201209/t20120918_143152. html.

［14］上海交通大学高教研究所. 美国学科门类设置情况. http://evaluation. chd. edu. cn/info/1009/1118. htm.

［15］富学新等. CNKI. 美、英、俄、德高校学科专业设置对我国体育学科体系建设的启示［J］. 体育学刊, 2007（6）: 7 - 11.

［16］人事部. 专业技术资格评定试行办法（人职发〔1994〕14 号）［EB/OL］. http://www. mohrss. gov. cn/SYrlzyhshbzb/zcfg/flfg/gz/201606/t20160614_ 241766. html.

［17］人事部, 机械工业部. 机械工程、电气工程专业中、高级技术资格评审条件（试行）（人职发〔1994〕6 号）［EB/OL］. http://www.mohrss. gov. cn/gkml/xxgk/201407/t20140717_ 136454. html.

［18］北京市人社局. 中关村国家自主创新示范区高端领军人才专业技术资格评价试行办法（京人社专技发〔2011〕113 号）［EB/OL］. http://www. zgc. gov. cn/jsrctq/zcwj_ rctq/89374. htm.

［19］韩晓燕, 张彦通. 英美工程师注册制度的级别划分研究［J］. 高等工程教育研究, 2008（05）: 39 - 42.

［20］Engineers Australia, Continuing Professional Development（CPD）Policy［EB/OL］. https://www. engineersaustralia. org. au/sites/default/files/content - files/2016 - 12/CPD_ Policy. pdf.

［21］孔寒冰, 邱秧琼. 工程师资历框架与能力标准探索［J］. 高等工程教育研究, 2010（06）: 9 - 19.

［22］APEC Engineer Coordinating Committee. The APEC Engineer Manual: The Identification of Substantial Equivalence2000［EB/OL］. https://www. apec. org/ - /media/APEC/Publications/2000/11/The - APEC -

Engineer – Manual – The – Identification – of – Substantial – Equivalence – 2000/00_ hrd_ engrgmanual. pdf.

［23］苏列英. APEC 工程师计划与我国人力资源开发［J］. 中国人力资源开发，2004（09）：93 –95.

［24］中国科协国际联络部. 日本工程师制度情况介绍［Z］. 北京：中国科协内部资料，2012.

［25］邱均平，文庭孝. 评价学：理论·方法·实践［M］. 北京：科学出版社，2010.

［26］百度百科. 层次分析法［EB/OL］. http://baike. baidu. com/link? url = vTl2FWyWmys7F6N66_ JkuedfftBomEStXNIV1BqNB7x ylbMPwn RC274qYjVvPQap9J2wjCyu6ISXnmXAkXNO9v693C1tOe8Z9jn5CmU_ yP7.

［27］莫海平. AHP 在高校教师职称评定中的应用［J］. 绥化师专学报，1996（01）：83 –88.

［28］杨志英. AHP 在高校教师职称评定中的应用［J］. 曲阜师范大学学报（自然科学版），1999（04）：108 –109.

［29］百度百科. 支持向量机［EB/OL］. http://baike. baidu. com/link? url = ZkDMrmV5HLHtdM9YXDwTUP – pz1QVG6Z4 BjLLyslyCWcFY- wyEnabZy2DXX4illW5KRK5gO0QBfRDVZsLX0eJw – q.

［30］安璐，王欢，黄朝君. 基于 BP 和 GRNN 模型的高校教师职称评审预测［J］. 中国管理信息化，2015（03）：183 –184.

［31］陈川杨，张德然，朱璟. 高校职称评聘的综合评价模型［J］. 统计与决策，2006（02）：137 –139.

［32］人力资源和社会保障部. 社会资源和社会保障事业发展统计报告［EB/OL］. http://www. mohrss. gov. cn/SYrlzyhshbzb/zwgk/szrs/tjgb/.

［33］中共中央组织部. 2014 中国人才资源统计报告［M］. 北京：党建读物出版社，2016.

［34］科学技术部. 我国科技人力资源发展状况分析［EB/OL］. http://znjs. most. gov. cn/wasdemo/search.

［35］商务部.我国对外非金融类直接投资简明统计,对"一带一路"沿线国家投资合作情况我国对外劳务合作业务简明统计［EB/OL］. http://map. mofcom. gov. cn/article/tongjiziliao/.

［36］教育部.全国教育事业发展统计公报［EB/OL］. http://www. moe. gov. cn/jyb_ sjzl/sjzl_ fztjgb/.

［37］麦可思.2016 年中国大学生就业报告［EB/OL］. http://ex. cssn. cn/dybg/gqdy_ sh/201606/t20160623_ 3081988_ 4. shtml.

［38］百度百科.中国国家自然科学基金学科分类目录［EB/OL］. http://baike. baidu. com/view/888662. htm.

［39］教育部.普通高等学校高等职业教育(专科)专业目录(2015 版)［EB/OL］. http://www. moe. edu. cn/srcsite/A07/moe_ 953/201511/t20151105_ 217877. html.